この制服が人をつくる。

朝倉まつり 著

真珠書院

制服の世界にようこそ

◆学校選びは制服から

都市部では、お子さんの通学可能な圏内に同じくらいの偏差値の学校が複数あります。何かを手がかりにして、学校の教育方針や校風、環境などを知りたいと思うことでしょう。

学校選びは、お子さんに合う環境かどうかの見きわめがとても重要です。そのとき、学校の「制服」にも関心を持っていただきたいのです。

学校に制服があれば、その学校が衣服に関して何らかの意思を持っているということです。

学校の立場では、制服が目立ったり、制服を宣伝したりすることは教育的でないと考えるかもしれませんが、制服は、その学校らしさを目に見える形で伝えています。

制服は学校生活に密着しているにもかかわらず、あまり教育のうえで意識されてきませんでしたが、学校がきちんとした制服をつくり、教育方針やコンセプトを発信するからこそ、生徒や保護者は制服を通して学校が見えてくるのです。

◆制服の時間は、大事な成長の時期です

時代と、若者と、学校と、そして教育とともに「制服」は歩んできました。

少子化に伴う学校間競争――生き残りをかけた学校は、学校案内や説明会、ホームページなどを活用して学校の特色や独自性をうたっています。また、いじめの問題や少年少女犯罪が報道されると、人間性の発達も大切だとメディアが論じ、自然と、社会の目が生徒たちに注がれます。匿名のインターネットで、学校の評判も飛び交う時代になりました。

そんな時代のなか、学校は、「マイナスの情報への対応」で後手に回るより、「プラスの情報を発信」していくほうがよいと考えるようになりました。

その一環として「装い」「美しさ」「品格」など、プラスの印象につながる「印象力」を高めることを全人教育に組み入れ、学校としての品位を発信しつつ、生徒自身の主体性と

結びつく本物の品格や品位を身につけてほしいと願っているのです。

そう考えると、学校生活のすべてが教育の場といえます。ですが、制服を着ての活動すべてが教育として成り立つには、もっと制服への理解が必要です。

学校が、制服についての情報を発信し、家庭や社会がもっと制服への理解を深めることができたなら、制服の価値も今まで以上に高まるでしょう。

学校という共同生活の場では、他者とのコミュニケーションを通じて生徒個人の人格がつくられていきます。そうした思春期から青年前期にかけて、これほど長く日常的に影響や効果をもたらす装いは、制服をおいてほかにありません。保護者の皆様にも「制服を着て過ごせる時期」が、「人生における大事な成長の時期」であると、あらためて実感していただけたら幸いです。

資料等ご協力くださった制服メーカーや販売店の皆様、学校関係者の皆様、出版関係者の皆様、そして、手にとってくださった皆様に、心から御礼申し上げます。

朝倉まつり

目次

本書掲載の制服は、2009年6月現在によるものです。

序章

制服に込められているもの

わたしたち大人には、子どもたちの自主性を育みつつ、大事なことを教え、見守り続ける社会的責任があります。若者たちの、学力と人間性のバランスのよい成長を促すには、学校だけでなく、家庭や地域、社会全体での支援が欠かせません。

「制服」を教育的な観点から見ることにも意味があります。制服は、教育の一環です。学校教育にも、それぞれの学校の教育理念があり、多様な実践方法があります。そして、学校制服には、芯となるコンセプトや込められた想いがあり、それが形としてデザインされます。これは学校の個性や独自性、さらには社会における存在感につながる大切なものです。制服のよいところや価値を探し、多面的にとらえていくことは、多様化する学校教育を見極めていくことにも通じます。

制服に求められること

■制服にはたくさんの価値があります

様々な問題を考慮してつくられた制服は、本当によくできています。ある意味、普通の婦人服や紳士服以上によく工夫されていると言ってもよいでしょう。なぜかと言えば、追求していることや、備えている価値が驚くほど多いのです。

制服が備えている基本的な要素は、12もあります。制服の持つ経済性、審美性、品位性、社会性、安全性、人格性、平等性、連帯性、儀礼性、規律性、識別性、機能性です。

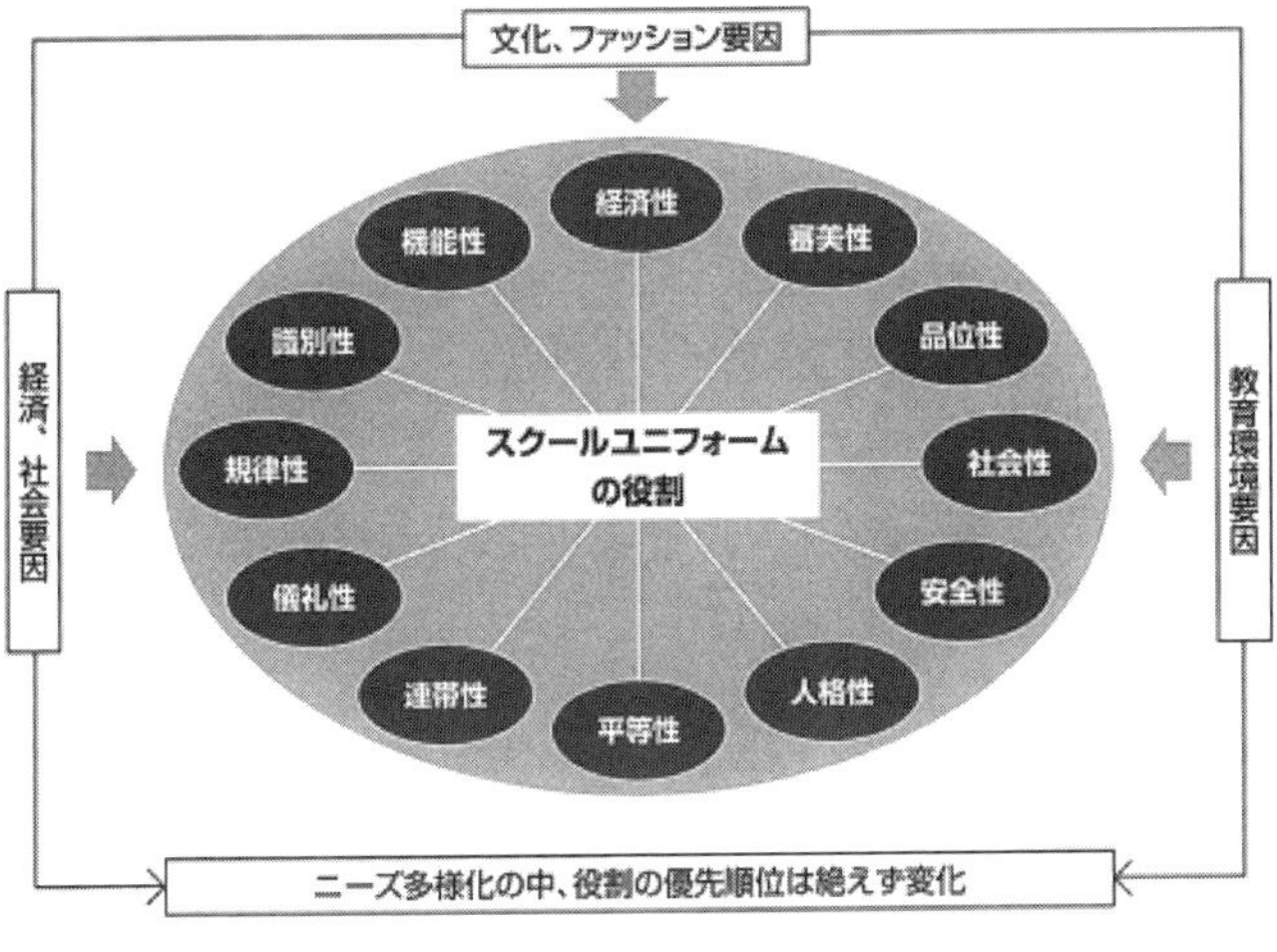

保護者	生徒たち	学校の先生
経済性 安全性 儀礼性 満足感	若さ（特別な年代） 仲間意識 おしゃれな着こなし 便利さ 手入れが簡単	自校の学生であると識別 生活指導 公平性・連帯性・儀礼性 安全性・経済性 学校のPR

「それぞれが制服にのぞむこと」

これらの点をトータルに見ていくことが、制服を考えるうえでの基本となります。

もちろん、時代の変化によって、優先順位は変わります。前ページの図は、制服メーカーさんへの取材で入手したものです。あわせて、現代の制服についても話をうかがいました。

【現代の制服の傾向】

――生徒たちの同調意識による着こなしの乱れがある一方で、生徒自身でスマートな気品を求める意識も芽生えています（→規律性・品位性・審美性の重視）。

――保護者の意識の変化による、お下がりの増加。コストパフォーマンスの良さや、販売価格の見直しなどが進んでいます。

ただし、両親や祖父母など多くの方々が祝いたいという記念的な意味合いもあり、高価値のものを求める傾向もあります（→経済性の重視）。

――学校内や登下校時において、生徒たちがトラブルに巻き込まれないように、また引き起こさないようにと注がれる社会の目があります（→安全性の重視）。

――エコ意識、環境問題への関心の高まりや社会的責任を受けての、製品としての設計や素材の工夫が求められています（→社会性の重視）。

現代の制服というものは、経済や社会、文化やファッション、そして教育環境といった様々な要因に囲まれて、存在しています。

■それぞれが制服にのぞむこと

教育環境も多様化しています。中高一貫校も増加し、小中一貫校も登場しています。様々な特徴のある学校が、それぞれに教育理念を掲げ、生徒たちに学びの場を提供しています。

そうした多様な価値観が社会にあるように、制服への期待も様々です。保護者、生徒たち、学校の先生、それぞれの立場から、制服への要望があります。（前ページ表参照）

■よりよい教育環境をつくる五つの柱

学力と人間性は、どちらも大切です。「勉強していれば人間性はなくてもよい」、あるいは、「人間性があれば勉強はしなくてもよい」、という、どちらか一方しか選べない関係ではありません。トータルの観点から、学力も人間性も、バランスよく育ってほしいものです。

学校は、成長期の若者が過ごす場所であり、そこで、個々の成長を下支えする土台が磨かれていきます。

その大事な環境を左右する一つの要素が、生徒たちが着る「制服」なのです。

以下のバランスを気にかけて学校や制服を見ていくと、いろいろなことに気づきます。

①学力と人間性──学力も人間性も高める、学びの場の構築

生徒たちの成長を支えたいという思いは、家庭、学校のみならず、地域社会、そして制服に関わる方すべてに共通して存在します。

②保護と自主性──生徒たちを保護しつつ、自主性が育つような見守り方

生徒たちは、社会的にはまだ未成熟な存在です。家庭、学校、社会全体で、子どもたちを見守っていく環境が大切です。危険なことからは遠ざけ、安全性を確保することも必要です。

③コンセプトと積み重ね――芯となる教育理念を据え、さらに、その実現のため、継続して各自の取り組み（学習の習慣や姿勢）を支援

根底にある教育理念や、建学の精神は毎年変わるようなものではありません。コンセプトを芯にして実践する考え方に慣れておくことは、卒業後、社会で能力を発揮する助けとなります。

そして、目指す方向を決めて、積み重ねていく長期視点も重要です。学力の「伸び」は、継続して、学びを積み重ねていくことから生まれます。

勉強は、そのときに見えることばかりではなく、積み重ねて初めて見えることもあります。受験も、勉強を積み重ねて、進路の可能性を開いていくことといえます。

④満足感と快適性――満足感や快適性が、人間の能力発揮にも影響

着たい服を着られることは満足感につながります。着ている服が気に入っていれば、気分にもポジティブに作用することが心理学の調査でも明らかになっています。

衣服は、着る人に満足感や快適性を与えます。特に、制服は毎日着るものであり、快適性の追求においては機能性も求められます。

着る生徒にとっての快適性や機能性を抜きにしては、制服を論じることはできませんし、満足感や快適性が一定水準以上ないと、活動力も低下してしまいます。

⑤大事にする気持ちと、印象の良さ――価値のあるものを「大事に思う心」と、それを表す「形」の良さ

制服を着られるのは、長い人生の、ほんの一瞬です。かけがえのない一瞬だからこそ、制服を大事にしてきちんと着てほしいのです。自分自身を大事にすることと、自分が人から見られている意識があってこそ、他者から見える自分像（＝社会での人格）を磨き、育てていけるのです。

●学校紹介●

光塩女子学院中等科・高等科　●東京都

幼稚園から高等学校まですべて統一された、一九四九年以来伝統の「光塩スタイル」

光塩女子学院は、一九三一年にベリス・メルセス宣教修道女会によって東京高円寺の地に創設されました。「光塩」という名は「あなた方は世の光であり、地の塩です」というキリストの山上の垂訓に基づいています。二〇〇六年には創設七五周年を迎えた歴史と伝統のある学校です。

時代の要請に応じ、社会に貢献できる自立した女性の育成を目指すという教育方針のもとに、生徒一人一人を大切にしながら自己の役割を自然と見つめさせることができるよう な、充実した指導が行われています。共同担任制はその特徴的なもので、五〜六人の年代や教科が異なる教員が一学年を共同で担任する制度です。多方面から生徒の特徴を把握し、よいところを褒めることで、生徒たちは自分自身がかけがえのない存在であり、そのままの自分が愛されていることに自然と気付くようになるそうです。

創立当時の制服はセーラー服でしたが、一九四九年に現在のジャンパースカートに変更されました。デザインは、幼稚園から高等学校まですべて統一され、一番長い生徒は十五年間同じデザインの制服を着用していることになります。

しかし、時代とともに生徒の体型も大きく変化し、従来の制服が窮屈な印象を与えるようになったため、二〇〇六年に一部を見直し、ゆとりを持ったデザインに変更しました。その際生徒からは前と同じデザインがよいとの意見が多く、基本的には伝統のデザインを踏襲しています。

この学校の制服は、もともとは修道院のシスターが生徒一人一人を採寸し、校内でミシンをかけてつくって渡してくれたものであるという歴史を持っています。そんな歴史と想いの込められた制服であるので、「着崩した生徒を見ると悲しくなる。着やすい制服に変えたのはきれいに制服を着てほしいから」との願いもあり、伝統のある光塩生として自覚をもって着てほしいとおっしゃっていました。

修道中学校・修道高等学校　●広島県

学校のアイデンティティーを再確認──生徒の発達段階を念頭に置いてデザインされた制服

修道中学校・修道高等学校は、広島県の藩校にそのルーツを持ち、二八〇年を超える歴史を有する学校です。自主性を重んじる校風で、生徒一人一人が高き志を掲げ、その実現に向かい互いに切磋琢磨する中高一貫の進学校です。

この学校の制服については、戦後の新制中学・高等学校が設置される際、誇りを持った修道生をつくるにはまず形からということで、紺色詰襟の中学制服を定めました。しかし、一九七〇年には、生徒の理性と自主性への信頼をもとに、詰襟学生服を基準服として高校生の服装自由化に踏み切りました。

近年、校舎の改築工事を終え、教育環境が飛躍的に改善されたのを機に、これまで蓄積してきた伝統と実績をもとに更なる飛躍を遂げようと現在様々な改革に取り組んでいますが、制服もその一つとして見直しが実施されました。生徒が誇りを持って着たいと思える制服にすること、伝統の重みが感じられ、機能的で教育活動に適したデザインであること、生徒の発達段階に応じた服装指導を可能にすること、などを基本的なコンセプトにしたそうです。

制服着用の運用方法は、初級の1・2年生（中1・中2）は基礎を身に付ける時期とし、決められた制服をきちんと着ることを指導していて、中級の3・4年生（中3・高1）は、制服を着用させますが、着こなしには幅を持たせ、シャツの選択や、ネクタイの着用は自由にしています。また、上級の5・6年生（高2・高3）は、学校で定める式典時以外は制服着用の義務はなく、各自の判断に基づいて品位のある服装をするように求めているということです。

新制服が制定された後も制服製造業者・販売業者との連携は続いています。「制服の改訂は単なる服装変更には終わらない、学校のアイデンティティーを再確認する作業であると捉え、新制服を修道生の象徴として育てていき、新たな伝統を築きあげたい」と田原校長先生はおっしゃっていました。

第1章

海外の制服事情

学校制服は、その国の教育事情や社会的背景を反映しており、国際的にも、その価値が認められてきています。

この章では、イギリスとアメリカの制服事情について述べていきます。ご存じのようにイギリスは伝統の国、アメリカは自由の国。その対照的な国の違いが制服にも現れており、とても興味深いものがあります。

イギリスでは、長年にわたっての伝統的な制服が生徒の誇りや人格を育てています。一方、新たに制服の力に着目したアメリカでは、安全性の向上や、学力の向上につながったというデータもあります。

こうした他の国の文化や様子を知ることも、学校教育や制服について考えるときに役立つでしょう。

イギリスの制服事情に学ぶ「芯」

■イギリスの制服事情と伝統校の教育

――文化として受け継がれていく「芯」をつくる教育――

イギリスの学校では、制服のデザインはそうそう変えないそうです。「変えないのが制服だ」とすら思っているふしもあります。

コンセプトの芯にあるものは変えません。襟の形や位置などを変えてマイナーチェンジを図ることで、古いデザインを時代に適応するよう整えていくのだそうです。

日本でも、古いものをそのまま保護しようという運動が起こるときもありますが、そのものの「形」だけでなく「価値」をしっかりととらえて伝えることが大切です。

なぜ残したいのか、本質や気持ちが伝わらなければ、たとえ天然記念物のように保護されても大切な心まで伝わりません。それぞれの時代において大事なことを守りながら、その精神を伝え歴史を重ねて継続していくこと。これが、文化を次の代に伝えていくこと、伝統です。

イギリスの制服は、ごく普通の、ジャケットやブレザーであったり、あるいは現代人からはちょっと風変わりな形に見える伝統的なものもあったりしますが、その制服を、その学校の生徒たちが着ると印象が変わるのです。着る生徒の振る舞いや姿勢そのものが、制服の理念、コンセプトと合っているからです。

①英国一の名門パブリックスクール「イートン」

一四一〇年設立。十三歳～十八歳の約一三〇〇名が在籍する全寮制の男子校です。過去十八人の首相を輩出している英国一の名門で、アラムナイ（Alumni）と呼ばれるOBたちは政・官・学など各界の上層部を構成しています。ウィリアム王子やヘンリー王子もこの学校の出身です。

王室のあるウィンザーとテムズ川をはさんで対岸にあり、ゴシック様式の礼拝堂など歴史的な建造物も多いことでも知られています。

教育に関していうと、入試は最難関です。入学後はテストの成績でクラス編成されます。教科書による授業もありますが、主体性やコミュニケーションが必要とされる授業も多く、生徒は、物事の本質をクリティカルにとらえ、自分の意見をきちんと伝えることを要求されます。

そして、先生にも高潔な品格が求められます。校長が同校の先生に求めるのは「若者が好きであること」と「人格形成に力を注ぐこと」であり、学業はその次だそうです。「教科が優秀でも、理念に合わない教師は要らない」というほど、理念を徹底しています。

イートン校の生徒たちはイートニアンと呼ばれ、黒いウエストコート（ベストのこと）、テイルコート（燕尾服）、ピンストライプのスラックスを着用しています。

襟は幅の広いファルスカラー。くるっと丸まった形状をした白いテープ状のタイ。また、チームブレザーやハウスブレザーなどのアイテムが多いことは連帯感を感じさせます。

十八世紀にはほぼこの形であったといわれていますが、一七六〇年から六十年間在位した国王ジョージ3世の葬儀において喪服として着られたものがそのまま定着したという説もあります。

ちなみに、イートンは男子校ですが、日本では女子にもイートン型と呼ばれる制服があります。これは昭和三〇年代に小学生や女子の制服として襟なしのジャケット（カラーレスジャケット）が提案され、イートンの名をつけられて広まったことによります。

②エジンバラのパブリックスクール「フェテス・カレッジ」

一八七〇年設立。スコットランドのイートン校ともいわれ、七歳〜十八歳の約六〇〇名が在籍する共学校です。近頃は、ハリー・ポッターの魔法学校（ホグワーツ）に似ていると地元で噂されています。寮生は6割ほどですべての生徒に相談教官が割りあてられサポートしています。

トニー・ブレア元首相も卒業生です。また、設定上はジェームズ・ボンド（007）もこの学校の出身だそうです。伝統的にオックスフォードやケンブリッジへの進学者も多く、上級学校進学のAレベル試験ではイギリスのベストスクールの一つにあげられます。

制服は、粋で実用的。スクールカラーはマゼンダとブラウンで、男女ともこの2色の縦のストライプのブレザーをスポーツイベントや日常生活で着用します。

③広い層に教育環境を提供する「クライスツ・ホスピタル」

一五五二年設立。西サセックス、ホーシャムの共学校です。「教育の機会が人生を好転させる」というポリシーで、あらゆる職業の家庭から来る児童に全寮制の教育環境を提供しています。

教育機会の提供を理念として掲げる同校では、多方面にわたる教育を実施しています。平日の午後や週末には60を超えるクラブやアクティビティ（活動）があり、スポーツでは定番のラグビーやサッカーのほか、クレー射撃やフェンシング、トランポリンなどユニークなものもあります。音楽もオーケストラ、ビッグバンド、ジャズアンサンブルなど。そのほか、アートやデザイン、ドラマやミュージカルなどのトレーニングもあります。こうした多彩さや柔軟さが、知的好奇心や豊かな感性を育てることになり、学者や芸術家を多数輩出しています。

制服は、無料で生徒に提供されます。男子は古風なゆったりとしたデザインで、足もとまでの長いフロアレングスのブルーのウールコート、ダークグレーのハーフパンツとサフラン色の靴下を着用しています。

古い歴史のある制服ですが、着心地のよさ、優雅さはいまどきのロンドンっ子たちにも受け入れられています。

■イギリスの制服文化を支える教育環境と制服の工夫

――アドバイスやアフターサービス、素材の工夫を通して実践できること――

①ウォルディンガム　スクール

一八四二年設立の名門女子校で、十一歳～十八歳の生徒五三〇名が在籍しており、現在も貴族の子女が多く学んでいます。地理的には、ロンドンから列車で約三〇分の距離にあって豊かな自然に恵まれており、二八〇〇ヘクタールもある広大な敷地には牧場や草原もあります。

寮生活の生徒が大半を占めており、学校内には制服ショップがあります。ユニフォームコーディネーターが常勤しており、着こなしのアドバイスやアフターサービスをしてくれます。

十一歳～十六歳の生徒はネイビーブルーのジャケット、スカート、セーター、サックスブルーのブラウスを着用します。十六歳～十八歳の生徒は、黒あるいはネイビーブルーのスーツで、スカートまたはパンツを選択できます。

ジャケットは、高級感のあるウール高混率の素材ですが、その他のものは、学校の洗濯機で洗えるウォッシャブルの素材を使用しており、生徒たちが自分で制服をきれいに扱えるよう留意したものとなっています。

現在の制服は約三〇年前から続いたもので、伝統のある制服を全面的に変更することはありませんが、時代に合ったファッション性や、体型の変化などに応じて、シルエットやスカート丈の変更は必要と考えているそうです。

そして二年前、十六歳～十八歳のシックススフォーム（Sixth form）の生徒を識別するため、モデルチェンジを実施しました。

「ポリシーを持ってつくられた伝統のある制服は学校のシンボルであり、誇りです。着用する生徒の要望を受け入れながら、よりグレードの高い制服にするため、今回のモデルチェンジでは生徒の代表と保護者と先生とで意見交換をしながら検討を進めてきました。その結果、生徒が喜んで着ているようになりました」と、関係者は語っていました。

②セントテレサズスクール

ロンドンの南、約三五キロメートルのところにある、一九二八年開校の女子校です。十一歳～十八歳の生徒三三〇名が学んでおり、三分の一の学生が寮生活をしています。

イギリスでは一時期、制服不要論が起こり、特に国公立の学校で制服を廃止する学校が増えました。しかし、経済性、帰属意識、仲間意識、責任感など、制服の持つ基本的な要素が見直され、最近では国公立の学校でも制服を採用する学校が増えてきているようです。

この学校でも、学校内に制服ショップを設置し、ユニフォームコーディネーターが服装の指導とアフターサービスにあたっています。十一歳～十六歳の生徒はグリーンのジャケットにタータンチェックのスカートを着用し、十六歳～十八歳の生徒は式典時やフォーマルな場ではネイビーブルーのスーツを着用することになっています。

ジャケットは高級感のあるウール高混率の素材で、その他はウォッシャブル素材を使用しており、ここでも生徒自身で取り扱いやすいことが重視されています。

約一・六キロメートル離れている初等教育の姉妹校（Preparatory School）も本校と同じデザインの制服を採用しています。グリーンのジャンパースカートと赤のネクタイのコーディネートが学校を取り巻く環境とマッチしています。

制服は、時代にあった変更が必要と考え、すべてを変えるのではなくシルエットやアイテムを変えるだけでも、伝統ある制服をいつまでも新鮮なイメージで継続できるとのこと。

そして、制服は学校のシンボルであり教育上とても大切で必要なものと考えているそうです。

■イギリスの教育でみられる「何に価値を置くか」の積み重ね

こうして、名門校・伝統校の制服をみても様々なデザインがあることが分かります。ユニークで変わった制服だから長く愛されてきたのではありません。学校という場が「何かを、大事にしてきた」というその一点です。

制服を教育として位置づけ、大事にしてきたこと。生徒も制服を自分で洗濯し、大事にしてきたこと。親と子、学校が、一緒に制服のモデルチェンジの話し合いをしたことなど、地道な日常のなかに、制服を大事にしていくという「芯」があるのです。

伝統を大事にすること自体が目的なのではなく、日常の生活における意識の積み重ねが大事なのです。

こうしたことの「気づき」には、時間がかかりますから、伝統の重みに気づくのは在学中ではなく卒業してからかもしれません。それでも、何を大事にするのか根気よく問い続けて、信頼関係とコミュニケーションのなかで、じっくりと定着をはかっていきたいものです。

■「形ではなく、価値を継続すること」の真価

イギリスの伝統は、変えない方がよいものは何か、変えるべきものは何かを、しっかり見きわめています。

オーソドックスな形の制服のなかにも、しっかりとした価値があり、共鳴するコンセプトがあり、それらをすべて包みこんだ形に仕上がっているのです。時代に合わせてマイナーチェンジをしていけるのも、基本にしっかりした「芯」があるからです。

ですから、形だけまねしてコンセプトのないままトラッド風の制服をつくっても、芯となるものがありません。それでは文化として定着しませんから、たびたび変えることになってしまいます。

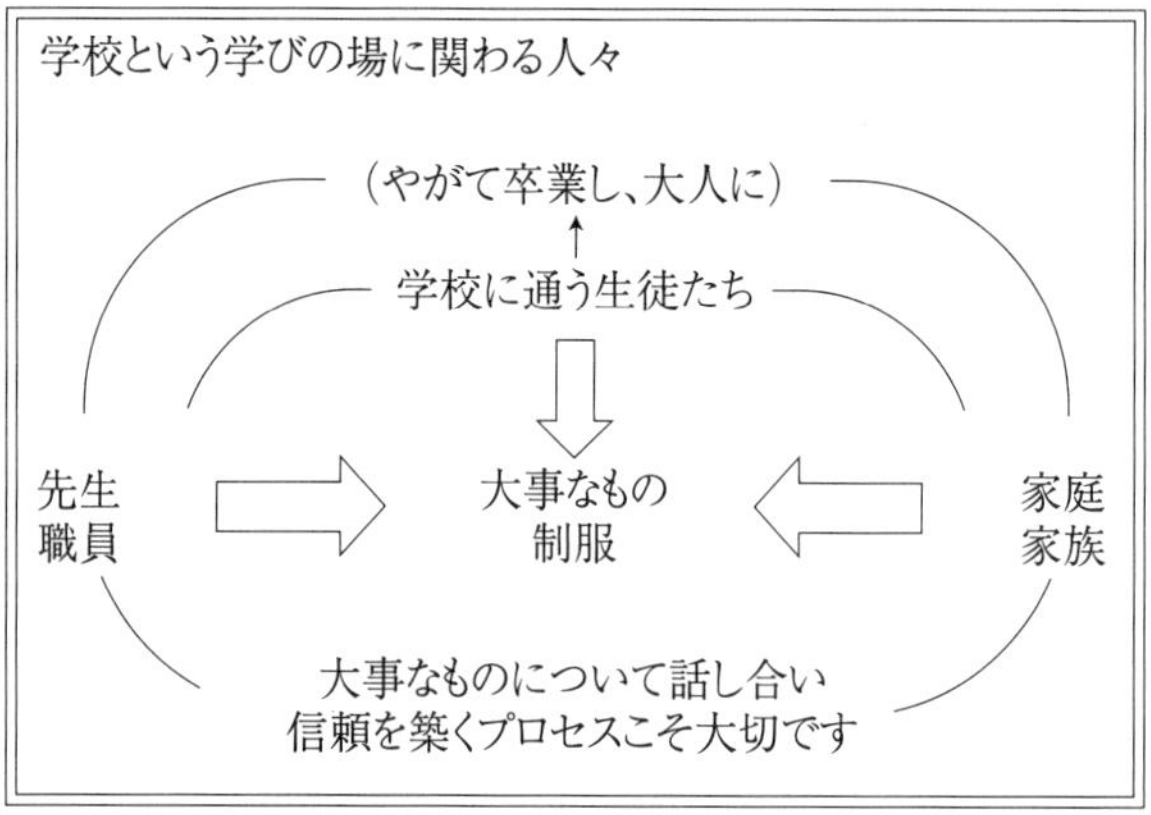

日本では、ブレザーやジャケットよりも前に、詰襟の学生服が普及しました。これも伝統的な要素をふまえたトラッドです。

明治時代、日本の軍隊はドイツにならって整備された歴史があり、その軍服の型とともに詰襟が普及したといわれていますが、実は、日本で詰襟を最初に全員が着用した学校は、学習院でした。学習院は、イギリスのパブリックスクールなどにならって、日本で最初の貴族の学校として明治の世に開校したという歴史を持ちます（一八七七年設立。一八七九年制服制定）。

■セーラー服の芯にある「母性愛」と「慈愛」

ちなみに、セーラー服は水兵さんの服がデザインの元になっています。しかし、そのコンセプトが軍国主義だったかというと、けっしてそうではないのです。

一八四六年に描かれた、セーラースーツを着たエドワード王子の肖像画がヨーロッパの女性たちの間で人気となり、そのデザインが子供服や女学生が着る服の定番となりました。それが二十世紀になって、ミッション系の学校の先生などを通じて日本で広まっていったのです。

日本で伝統のあるセーラー服のデザインに錨《いかり》の模様があるのも、賛美歌280番第2節「風いとはげしくなみ立つ闇夜も、みもとにいかりをおろして安らわん」という賛美歌の歌詞に由来しています。

多くの情報があふれている現代ですが、大事なことは、しっかり伝えなければならないと思います。セーラー服には、子どものことを大切に思っている女性の思いや、慈愛といった母性的な文化が込められているのです。

■プロの大人の目線でアドバイス——自覚を促す発達教育

イギリスでは、制服を着用する生徒に、制服を着る自覚を促す教育が行われていることが特徴的でした。制服の販売店も昔から代々営んでいるようなところが多く、作って仕立てているところも昔ながらの仕立屋で、制服を扱うお店も、地域の家々も、「お互いに祖父母の代から知っている」というような信頼関係があります。

こうした関係性とともに制服文化があり、小学校のときからユニフォームアドバイザーとして、個々に伝統的な着方をアドバイスできる文化があります。

つまり、消費するファッションとして制服を扱っていないのです。

日本でも、私立の学校のなかには制服専門店の出張所があり、メンテナンスやアドバイスしてくれるところもあります。衣服やファッションに関しても、ショップ店員とお客さんに信頼関係があったほうが、納得して話せるものです。カギは、信頼関係にあります。「売ったら、あとは知らん顔」そして「買ったら、それで終わり」という生産者と消費者の関係ではなく、トラッドのファッションを文化として「一緒に」の感覚でつくりあげていけるかどうかが、伝統を積み重ねていく秘訣かもしれません。

アメリカの制服事情に学ぶ「理」

■自由の国アメリカで制服化が進んだ合理的な理由

アメリカには、ヨーロッパの古い国々のような伝統や歴史はなく、文化的には新しい国といえます。現代アメリカは移民やその子孫によってつくられた多民族・多文化国家といってよいでしょう。多様な価値観や文化を尊重する、いわゆる「自由の国」だけあって芸術も盛んであるほか、教育学や心理学などの研究も進んでいます。

そのアメリカで、制服の導入が進み、多くの学校や教育関係者が「日本の制服」に興味を持っていたというのです。

年代別にアメリカの制服の歴史を見ていくと、おおむね上の表のようになります。

1920年代	女子はセーラー服、男子は海軍をモチーフとした白いシャツと紺のパンツ。（第2次世界大戦頃まで、制服は存在）
1950年代	制服はなくなり、学校におけるドレスコード（服装規定）が設けられる（スカートの長さの規定、破れ・穴あきのパンツの禁止など）
1960年代後半〜1970年代	禁止項目が次々と増える（髪の毛の長さの制限、もみ上げ禁止、タンクトップの禁止など）
1980年代末〜	ロングビーチ学校区など、一部の地域で制服の試用・試着を実施。
1990年代（1994年）	ロングビーチ教育委員会が制服についてのガイドラインを作成。
1990年代（1996年）	クリントン大統領（当時）が、一般教書演説のなかで「学校制服」への積極的な支持を表明。「制服の導入が暴力から学校を守り、教室に規律を取り戻すというなら、我々はこれに惜しみない援助を与えたい」

こういう基準で服を選

びましょうという「ドレスコード」から、同じデザインのものを着ましょうという「制服」へと意識が大きく変わったのは、一九八〇年代以降です。

その時期、社会問題としては、「治安の悪化（ギャング・グループの存在）」「格差社会の現実（富裕層と貧困層）」「教育の荒廃（生徒・教師の取り組み姿勢の低下）」などがありました。

実は、アメリカの制服は、こうした問題を解決するために導入されていった「ツール」ともいえます。

まず一部の学校で試験的に導入してみて、そこで有効と認められて、指針や法律を整備し、教育委員会や校長が学校を管理する手段の一つとして制服を導入していったのです。

それでは、アメリカで認められた「制服の合理的な価値」についてみていきます。

①治安の悪化から身を守る「安全性」

一九八〇年代の治安の悪化は、ギャング・グループの存在と活動の激化によって引き起こされました。ティーンエイジャーたちが、いきがって格好つけたり、たむろったりしているという程度ではありません。単なるケンカではなく、武器や麻薬などがからんでの抗争もあり、無関係の市民を巻き込んで生活を脅かすほどでした。

グループ同士の抗争では、身に付けているもので所属グループを判断します。大きめのバギーパンツ、バスケットボールや野球の特定のチームをイメージする配色のもの、共通の色をしたバンダナなどで識別していたのです。しかし、ストリートファッションと思って着用していたのに、特定のグループと一致してしまい、抗争とは無関係の若者たちがトラブルに巻き込まれるという事件も発生するなどして、社会問題となっていたのです。

公立の学校に通う生徒が、見た目の勘違いで暴行や銃撃を受けてはどうしようもありません。そこで、誰もが生徒だと分かるような制服を望む声が保護者から上がりました。

そして、試験的に導入した地域では、事件や問題行動の件数が減ったことが分かり、効果が実証されたのです。

②「経済性」の負担解消と、格差社会における「平等性」の維持

公立の学校では親の経済状態に差があり、生徒の服装も家庭事情を反映していました。貧困層と富裕層が身なりで分化し、さらに富裕層がそのなかでファッションを競い合うといった現象が学校で見られたのです。

また、高級ブランドやスポーツブランドの服や靴などを身につけて登校した生徒が、その服や靴を強奪される事件が起こるようになり、さらに自衛用にと武器を携行するようになったため新たなトラブルの種が増え、良好な学習環境の維持が難しくなりました。

しかし、制服を導入すると、過度のファッション競争がなくなり、貧富の差も見えにくくなりました。子どもたちは、余計なことに神経を使わず、学校での勉強に集中できるようになり、自尊心をもって学校生活を送れるようになったのです。

しかも、さらに教育的効果が発生しました。見た目の印象が揃ってきたことで、教師が生徒に、より平等に接するようになったというのです。身なりから判断しないようになったため、生徒たちの成績が底上げされたといいます。

制服の持つ平等性・公平性というのは、着る側の意識だけでなく、その生徒たちに触れる大人にも影響を与えるのです。

③教育の荒廃に対しての「規律性」

制服を着ると、子どもたちも気持ちが変わるのでしょう。校内の規律が守られるようになったといいます。反社会的なフレーズを大きくプリントしたシャツを着たクラスメートが周りにいるのと、制服を着たクラスメートが周りにいるのとでは、その教室の空気も異なります。

また、その空間の雰囲気を制する色づかいも、カラフルな場合と、目に優しい色合いのものとでは注意の引き方が違います。部屋の色が人間の作業効率に影響を与えることも知られています。例えば、白いシャツは、清潔感があるだけでなく、場を引き締める効果を持っていますし、同じ系統の色で調和が取れていると、集団として同じであろうとします。

環境が人に与える影響は大きいものですが、実は、その環境こそ、そこにいる人たち自身がつくり出しているのです。

④学びの場としての環境が向上し「学力の向上」に

安全への配慮が高まり、落ち着いた環境で学べることは、生徒たちの授業態度の改善にもつながりました。規律が生まれたことで、学校が他の人との共同生活の場であることが理解されるようになり、学習への取り組みを邪魔してしまうような行動も自然と減っていきました。

集中力の向上など、学ぶ姿勢そのものを改善したことによって学力が向上したのです。

■行動には環境が影響を与えます

ロングビーチ学校区の、ある学校長の言葉です。

> ビーチへ遊びに行く格好で学校にくれば、ビーチと同じ行動を取ります。遊ぶときは遊ぶときの、仕事のときは仕事のときの、そして、学ぶときは学ぶときの服装があるのです。

これは、ＴＰＯ（時間・場所・状況）に応じた服装があるという考え方です。行動の一つ一つに細かく指示を与えるのではなく、生徒たちの自然な振る舞いや行動について、その場に適した行動をとらせていくという、自主性と行動の学習に結びつきます。

日本での話ですが、「幼稚園では揃いの園児服だったのに、小学校で私服になったら、遊んでいるときと変わらない服装になってしまったので、スイッチの切り替えが難しくなった子どもたちもいる」という話もあります。

また、先生がどのような服装で教育に携わるのかも、重要です。

教師も生徒も、学ぶ場での制服や衣服を大事にする意識、環境が大切です。日本でも儀礼の場で、先生が礼服やスーツで装うと、場が一段と違ったものになります。アメリカでは、学校のマークを付けたシャツやアイテムを身につけ、ひと目で「あの学校の関係者だ」と分かるところもあるそうですが、これは安全面というほかに、識別性という意味合いもあります。

さらに、先生も制服を着る学校もあります。制服がシンプルな色遣いである場合、同じ配色のものを着るだけでも一体感が生まれ、大人が一緒に輪の中に入ることになります。

■少数派（マイノリティ）への配慮と、学習環境向上への取り組み

また、アメリカはマイノリティへの配慮もあります。

カリフォルニア州のロングビーチでは一九九四年九月に公立の小・中学校にスクールユニフォームが導入されましたが、そのとき「制服の強制は憲法違反ではないか」「着用除外を認めるべき」という訴訟がありました。そして、裁判の結果、思想や信条などを理由に制服を着たくない場合には、きちんとした除外規定の申請を行い、保護者と校長が認めれば無理に制服を着なくてもよいことになったのです。

生徒がその日の気分で「着たい、着たくない」というわがままに対応するのではなく、

マイノリティに配慮し共存していくルールとして、司法の場で明確に判断を示したのです。

アメリカが法治国家となっているのも、様々な文化や習慣の人々が一緒に暮らしていくための枠組みづくりからきているのかもしれません。

こうしてできた「きまり」は、初めからあったのではありません。違う意見を持った人々が意見を交わし、よりよい学校生活を実現するために協議してつくっていったのです。

また、多くの人々が考え方を共有していくには、短い文章でポイントを示していくことも役立ちます。その例として、ロングビーチ教育委員会が監修した「中学生の親が知っておくべきこと」から、「なぜ、中学生が制服を着るのか」を示した6項目を転載しておきます。

①学園内の規律の分別をつけるため。
②学内でふさわしい格好と振る舞いは、余暇を過ごすそれとは違うという考えを強めるため。

③年若いギャングの構成員がギャングスタイルの服装をすることにより、ギャングの仲間同志の示威運動をするのを防ぐため。
④家族にとって、毎日の服装の準備をできるだけ簡単にできるように。
⑤生徒の家族の収入の違いにより普段着に表れるかもしれない服装の差から生徒の注目をそらし、生徒を平等にするのを助けるため。
⑥家族の洋服代への負担を減らすため。

最初、保護者の希望で始まった公立校のユニフォームは、当初うまくいくのか懐疑的であった教育委員会、先生方の心配をよそに大成功だったといいます。当時は、全米各地からの問い合わせが毎日のようにあり、マスコミの論評もおおむね好意的だったといいます。

ロジャーズ中学のリンダ・ムーア校長先生は、ユニフォームは個性を殺すのではなく、学校の一員としての自覚を促すものであると考えていたそうです。

これが、自由の国アメリカでの、合理的な考え方なのです。

●学校紹介●

遺愛女子中学校・高等学校

●北海道

一九三〇年以来変わらず、生徒に誇りを与え、人々に愛された伝統のブレザーとセーラー

一八七四年に宣教師、M・Cハリス夫妻が函館にきて、「日々学校《にちにちがっこう》」を開設したのがこの学校の始まりです。文部省認可の正式な女学校としては一八八二年に開校し、東京以北の女子の中学・高等学校では最も古い歴史を誇っています。

この学校は中高一貫教育で、中高6年間を2年ずつの3期に分け、基礎養成期、向上発展期、完成応用期とし、生徒の発達段階に応じた指導をしています。この教育は、「キリスト教の信仰に基づき、神の前に誠実に生き、犠牲と奉仕の精神によってすべての人に仕え、神と人とに愛せられる人間の育成を目的」としていて、「信仰、犠牲、奉仕」の精神がその礎になっています。

この学校では、朝の10分間読書を道内の高等学校ではいち早く取り入れ、注目されました。朝読書は、読書好きになること、人格形成、知的関心を高め思考力を強化することを目標に行っていて、先生と生徒の間でも本をめぐった話題が多くなり、コミュニケーショ

ンもよくなってきているということです。

　制服は一九三〇年から始まっていて、中学・高等高校とも同じセーラー服で統一されています。北海道の気候風土のこともあり、防寒用としてセーラー服の上にブレザーを着用することも特徴的です。一風ユニークですが、卒業生や在校生にも大変好評だそうです。

「制服なので着こなしについては厳しく指導しているが、制服は着用する生徒一人一人がどのように着ているかによって、プラスにもマイナスにもなり得ると、生徒にいつも話している。遺愛生として誇りを持って制服を着てもらいたいものです」と生徒指導部長先生は話しておられました。

鹿児島県立種子島高等学校　●鹿児島県

総合選択制への移行を機にスクールカラーとシンボルマークで学校らしさを出した制服

「鉄砲伝来の島」として有名な種子島は、現在「種子島宇宙開発センター」など宇宙開発関連施設が多く建てられ、日本における宇宙開発の重要な役割を担っています。この地にある種子島高等学校は、創立八〇周年を迎えた県立種子島高等学校と創立一〇〇年を超える県立種子島実業高等学校が発展的に統合されて二〇〇六年四月に開校しました。両高校がこれまで築き上げてきた実績や校風を引き継ぎながら、新たな歴史を刻み始めた活気のある学校です。

「誠実」「気魄」「寛恕」「創造」を校訓としていて、特に「寛恕」については、明治時代に種子島に漂着したアメリカ船の船員を種子島の人々が手厚く介抱した出来事を記憶にとどめ、その精神を受け継いでほしいという気持ちがこもっているそうです。

学科の枠を超えた選択科目の中から選択する「総合選択制」を敷いており、旧種子島高校の伝統を引き継ぎ、上級学校へ進学を目指している普通科、旧種子島実業高等学校時代から国家試験の取得などの好成績で全国的な評価を得ている電気科、種子島の特産である安納《あんのう》イモのウイルスフリー苗やタンカンジュースの生産など、地域貢献のめざましい活躍をしている生物生産科の3学科があります。

両校の統合再編に際し新制服の制定を図りました。地域の中学生や保護者の人々にアンケートを行い、男女ともに人気の高かった三つ釦のブレザースタイルを採用しました。黒潮の恩恵と力強さをイメージし、スクールカラーとして採用した紺青色を基調にしており、種子島を代表する花、鉄砲ゆりとスクールカラーの紺青色を配したシンボルマークを取り入れた、上品なしっかりとした制服になったということです。

岡山中学校・岡山高等学校　●岡山県

男女共学化を機に中高一貫教育を体現する中高同一デザインの気品のある制服

「中高一貫教育の精神にのっとり、生徒各自が持つ天分を高度に発揮させ、知・徳・体の円満な発達を促進して、真に社会に貢献し得る人間を育成する。」という教育理念で岡山中学校は一九八二年に設立されました。その後、岡山高等学校が開校され、一九九七年に男女共学化された中高一貫校です。

校訓は「天分発揮」で、「人に優しく（友愛）、己に厳しく（自律）、勉強はたゆみなく（進取）」を教育目標に、社会の中でどのように活躍する人間になるかということを、６年間の一貫教育のなかでしっかりと教えていく教育を施しています。先生は「翼を広げなさい。あなたの中には必ず何かの可能性がある」と６年間で立派な翼を持って羽ばたいて卒業していってほしいという気持ちで日々生徒たちと触れ合っているということです。

世界で初の試みとして、イギリスの名門パブリックスクール、イートン校への修学旅行を実施しました。修学旅行を通じて、生徒たちは本場のクイーンズイングリッシュを学び、寮生活をしながら自由と規律の大切さを学び、イギリスの伝統文化や国民性を肌で感じ、体験することになります。もちろん正装時には制服を着用します。

　制服は、これまで中高別々でしたが、男女共学化時に、気品高く統一感のある中高統一スタイルになりました。制服は、岡山中学・高等学校の一員として自覚を持って着用するものであり、知的でエレガントな着こなしをしてほしいという思いで、先生たちは生徒指導をしているといいます。生徒もこの制服に愛着を感じ、自覚を持って着用しているようです。

第2章

日本の制服事情

世界各国から、制服文化が花開いた国として賞賛や憧れ、研究の対象となっているのが、日本です。

しかし、ここに到るまで、日本の制服事情は社会的背景や歴史とともに大きなうねりを描いてきました。様々な価値観で揉まれたからこそ文化的にも醸成され、豊かで彩りのあるものとなったのです。

出発点として、明治時代に話はさかのぼります。そして、大正、昭和を経て、平成の現代の制服事情までをたどっていきます。社会的背景を考えながら、制服の変化を見ていただければと思います。

日本の制服の歴史

日本の制服について、時代背景と制服との関わりを中心に見ていきます。制服は時代を踏まえて変化してきました。変化した時期は社会に何があったのか、注目してください。

■日本の男子制服事情――富国強兵による洋装化から、バンカラまで。約一四〇年前の明治時代初期、日本の学生の服は「着物」でした。

そこに、文明開化の声とともに、西洋文明の象徴である洋服が入ってきました。

当時の政府は、先進国のヨーロッパを志向する「脱亜入欧」を掲げ、洋装をエリート意識を育てるために導入しました。「貴族学校」として学習院を設立し、日本初の詰襟の学生服を同校で採用したことからも分かるように、日本の男子生徒の制服の始まりは、イギリスなどヨーロッパの貴族文化の流れをくんでいたのです。

当時は、まだ和装のほうが製造も流通も整っており、洋装はすべてオーダーメイドしかなく、とても高価なものでした。あくまで、ステータスの高さを追求していたのです。

しかし、明治政府が、欧米と肩を並べるための国力の増強（富国強兵）を図るようになり、徴兵令が改正され、中学校や、教師を養成する師範学校に軍事教練的な科目が設けられるようになりました。小学校での隊列（いわゆる「前ならえ」など）の浸透も、その一つです。また、ズボンのほうが袴よりも動きやすいことも、洋装化に軍事的な意味合いを持たせました。

一八八二年には、文部省の指導により、官立学校に黒または紺（夏季は鼠系）の学生服が普及します。一八八六年には東京帝国大学の制服が詰襟、金ボタンとなりました。

この頃から、急速に中等教育以上の男子生徒のほとんどが制服を着用するようになりました。デザインも、陸軍下士官の制服をモデルとしたものに変わっていきました。

こうして教育と徴兵を関連させていった当時の政府によって、男性全員を対象とする国民皆兵の制度が導入されていき、男子生徒の洋装化が急速に進んだのです。

その後、一八九四年に日清戦争を開戦したことからも分かるように、富国強兵を念頭に置いた政府主導的な推進でした。

男子制服はこの流れのまま、明治、大正、昭和と引き継がれていきます。

女子の制服のようにファッション性が大きく高まることはありませんでしたが、後に全国に旧制高校ができると、変化が見られました。寮生活や寮歌などを通して「自分たちが気風をつくる」自覚を持つようになってくると、「ハイカラ」に対しての「バンカラ」という反発的なファッションが広がっていったのです。

ハイカラは、西洋風の身なりやファッションを好むことを言います。もともと「高い襟（ハイ・カラー）」という意味ですから、詰襟の制服というのは、まさにハイカラの象徴でした。

一方、バンカラは、アンチ・ハイカラです。弊衣破帽《へいいはぼう》（破れてぼろぼろになった衣服や帽子）に代表されるように、粗野な格好でも、外面にとらわれずに本質を重視すべきという主張を持っていました。

ただし、表面だけをまねたり、身なりを整えないことの言い訳であったりして、単に見苦しいだけという場合もありました。

今の時代は、集団生活における「身だしなみ」も求められており、清潔感も重視されます。

現代の生徒たちには当たり前のものとなっている抗菌・消臭グッズや、臭いの付きにくい繊維などは、バンカラ時代の人たちには考えられなかったことかもしれません。

■明治時代の女子制服事情——洋学で始まった女子教育

女性が袴をはくようになったのは、学校教育がきっかけです。

明治時代初期、男女の役割は明確に区分され、女性は学問をせず家庭を守るのが常識でした。

しかし、一八七〇年に、外国人居留地にミッション系女学校が相次いで設立されます。築地のA六番女学校（女子学院の前身）や、横浜のフェリス女学院などがそれです。

それまで日本には、女性が学問をする環境がなく、当時の授業は椅子に座って英語の教科書を読むといった洋学が主でした。

これが、女性が男性の服装である「袴」をはくきっかけとなりました。というのも、学校で初めて洋式の生活に触れる者も多く、椅子に和装のまま腰掛けると裾が乱れるため、例外的に袴（男袴）の着用が認められたからです。

一般には、一八八五年に東京女子師範学校などに洋装が導入されたことが、女子学生の洋装の始まりとされていますが、実はこのとき、舞踊が授業科目として採り入れられていました。欧化政策を進めていた政府は、当時、なかなか既婚女性が出席したがらなかった鹿鳴館の舞踏会の人数不足の解消に、洋装の女子学生をあてていたのです。

東京女子師範学校の洋装のデザインは、その当時（十九世紀）のイギリス中流階級の女性の服装をモデルにしていました。ですが、コストが高く、素材が入手しにくかったうえ、さらに外国文化を否定する人々（国粋主義の台頭）といった社会的背景から、女性の和装を求める声の高まりもあって、数年で姿を消してしまいました。

■明治末期から大正時代の女子制服事情――はいからさん登場、そしてセーラー服へ

そして、一八九七年頃から、えび茶色の女袴が流行しました。華族女学校の紫色の女袴の色をアレンジしたもので、平安時代の紫式部になぞらえて「海老茶式部」と呼ばれ、一世を風靡《ふうび》しました。

今も昔も、女性の服装の流行には、先駆者の存在や、主体性のあるライフスタイルへの憧れといった面があります。

後に、プッチーニの「蝶々夫人」など、オペラ女優として海外でも名を馳せることになった三浦環《たまき》は、十六歳の頃、颯爽《さっそう》とした袴姿で当時珍しかった自転車通学をして「自転車

美人」と評判になり、新聞に載ったそうです。そして、こうした「はつらつ」としたイメージが、明治末期から大正にかけての「はいからさん」として定着していったのです。

一方、教育の場にセーラー服が導入されるようになったのは、体育の研究からです。

一八九九年に出された高等女学校令により、女学校で週2~3時間の体操が必修になりました。おしとやかな女性美を損なうとした否定派と、丈夫な子どもを生むための母性を育てるという肯定派と、大人の間では両方の意見があったようです。

そのようなか、女子体育研究のためアメリカに留学し、体操や生理学、心理学などの研究をしていた井口阿くりによって、一九〇六年に「高等女学校程度の女生徒にふさわしい運動服と通学服」が提唱されました。これは、紺色のセーラータイプの上着にスカートの組み合わせで、スカートを運動用の短い袴下に替えれば運動服になるという機能優先の先進的なデザインでした。

自ら、バスケットボールやテニス、ボート、自転車などのスポーツもたしなんだ阿くりは、体育の教育的価値を唱えただけでなく、「女子は男子に依存するのではなく、自ら熱心に行動することが大事であり、そうした男女が助け合っていってこそ新たな道が拓ける」と、男女平等、女性の自立、男性の協力をうたっていました。当時としては非常に先進的な考え方です。

そうした取り組みもあって、女子学生自身が身体を動かすことの楽しみを覚え、スポーツができる女子学生の姿に憧れるようになり、動きやすい洋装を好む人たちが増加していきました。

大正時代になると、「モダンボーイ・モダンガール（略してモボ・モガ）」という流行語もできたように、モダンな流行が花開きます。もともとは運動着として広まっていたセーラースタイルの洋装も、機能性は活かしつつ、通学にも便利で、おしゃれなスタイルになっていきます。

この時期に女子学生の制服の洋装化が進み、社会に定着した理由は、二つあります。

一つは、女性の教育と社会進出です。学ぶことが多くの女性に主体性を促し、自立心を高めました。自分らしい生き方や権利意識の目覚めといってもよいでしょう。

洋装は進歩的な学生のシンボルとなり、女子学生の誇りに結びつきました。適切な教育環境は、自立心を高めるのです。

そして、もう一つ着目されたのは、洋装の「安全性」です。

一九二三年の関東大震災で犠牲者に和装の女性が多かったことから、一気に女性の間で洋装が増えていきました。自分の身を、自分で守るという意識の向上です。
このように、男子とは違う理由で、女子学生の洋装化が進んでいったのでした。

■戦時体制下での制服事情

やがて、時代が昭和へと移ると、日本は戦争への道を歩んでいきます。「ぜいたくは敵」と言われ、華美なものは反社会的であるとみなされました。スカートはズボンになり、軍人でなくても国防色の服を着るようになりました。国防色とはカーキ色のことですが、日本のものは諸外国のものよりも、くすんだ緑色が混ざった独特のものでした。

資源も軍需産業への供給が優先されるようになり、繊維不足と資源節約のため、一九四〇年には一般男子の「国民服」が定められます。一九四二年以降は全国の生徒に対しても共通の制服として指定されました。

学生らしさ、自分らしさ、男性らしさ、女性らしさと向き合うよりも、国のために耐乏し、没個性であることを強いられたのです。制服を着てうれしいと思う気持ちや、制服を着て過ごせることへの笑顔もなかったことでしょう。

制服が、本当の意味での制服らしさを取り戻していくには、戦争が終わり、目指すべき時代や社会を再び見つけだす頃まで待たなければなりませんでした。

■戦後の復興——学制の変化、素材の変化

戦後の学制改革で、旧制大学に加えて新制大学も設立されました。このとき制服を設けない大学も多く、制服は中学・高校で着るという考え方が主流になっていきました。

制服を着る年代が限定されたことで、感受性の鋭い、心身の成長期に着るというイメージが定着するとともに、制服は「ティーンエイジャー」の象徴となっていったのです。

戦後、制服の変化は、素材の変化から始まりました。

「つくれば売れる」という時代背景が、工業生産力を高めました。繊維産業においても、優れた性質を持つ天然の羊毛を研究し、より大量生産に適した人工化学繊維が開発されていきました。

それまで、男子の制服では、天然素材の「毛」「綿」、そしてシルクの代用品として木材などのパルプからつくられた化学繊維の「レーヨン」素材が使われていましたが、さらに「ナイロン・レーヨン」あるいは「ビニロン・レーヨン」といった混紡が加わったのです。

一九五八年には、日本でも石油からポリエステルが製造できるようになり、衣服の生地として、制服にも用いられました。

そうした復興を経て、社会において様々な思想や価値観の違いが現れるようになると、生徒たちにも自由を求める気運が広まりました。すでに制服を廃止していた一部の都立高校などの影響もあって、一九六〇年代後半に、各地の高校で制服自由化を求める活動が見られたそうです。この時代に制服を廃止し、その後、制服が復活した学校も少なくありません。

■新設校ラッシュの時代――新しさのシンボルとしての制服

その後、若年層の人口増加と、教育に熱心な層の拡大を受け、新しい学校の設立が相次ぎました。新たな求心力を持つシンボルを必要とした中学や高校は、開校時に新しさをPRできる制服を導入していったのです。

制服での学生生活に憧れていた女子生徒のなかには、公立校で制服が廃止されたため、制服のある私立を目指したいという人も出てきました。

従来からの黒い詰襟型の学生服や紺サージのセーラー服ではなく、ブレザー型やスーツ型、三つ揃いなど、高校を中心に新たなデザインの制服が急増したのもこの頃です。

この時代のブレザーの特徴は、無地の上下をセットにする組み合わせでした。特にグレーのボトムが流行しました。グレーは紺など様々な色と合わせやすく、定番にしやすかったのでしょう。

■情報化社会の到来――学校のブランド化

一九九〇年代以降もブレザーへのモデルチェンジや、ファッションブランド化が進みました。その背景にあったのは情報化社会の到来です。

この時代、多くの企業や製品が、大量のＰＲを発信してブランド化を図るようになりました。そして、情報が大量にあふれかえる世の中になるにつれて、見てすぐに分かるラベルを求める人々が増えていったのです。

学校も、有名なところの人気が高まり、学校名がブランドのように扱われることが増えていきました。

制服についても「ブランド化」や、見て分かる識別性が重視され、ワンポイントのマークやブランドのロゴが入ったものが好まれるようになりました。

制服のファッションブランド化が始まったのです。その例として、一九八九年に森英恵、一九九〇年に山本寛斎、その後、コシノヒロコ、コシノジュンコといった有名デザイナーによるものが登場します。

組み合わせのバリエーションも、大幅に増えました。それまでの冬服、夏服のほかに盛夏服や替えズボン、替えスカート、そして合服、ニットベスト、セーターやカーディガン、スクールコートなど、季節ごとのアイテムを揃えるようになりました。

デザインも増え、上は紺サージのブレザーで、下のスカートは4種類のタータンから選べるという制服もありました。色も飛躍的に増え、制服メーカーは生地ベースで四万色用意できる体制にしたといい、紺だけで九千色もあったそうです。

■不況下でも多様化――こだわりのあるコーディネート文化へ

九〇年代後半は、都市部の私立高校がモデルチェンジをリードしていましたが、私立から公立へ、高校から中学へ、都市圏から地方へと、モデルチェンジが波及していきます。2回めのモデルチェンジを行う学校も出てきました。

二十一世紀になり、教育改革も推進され、試験的な試みが導入されるようになりました。中高一貫校や、小中一貫校に向けた動きもみられます。

こうした一貫校では、生徒の心の発達を踏まえて制服のデザインを設計できます。下級生が上級生への憧れを抱くような制服も可能になったのです。つまり、従来は「点」でとらえられていた制服が、発達の段階を意識した「線」で考えられるようになり、シックで上質感のある、生徒自身から見て成長や気品を感じられる大人的なデザインの人気が高まっているといえます。

バブル景気の頃に高まった美的感覚は、不景気になっても妥協できるものではなく、コストをかけずに洗練されたデザインを求めるようになりました。

これが、現代にまで続いています。

椙山女学園中学校・高等学校　●愛知県

制服は学校を語るもの——伝統と気品のあるトラッドな制服

椙山女学園は一九〇五年に開設された名古屋裁縫女学校を前身とした、歴史と伝統のある学校です。開校以来「女性に、より高い教育機会を提供する」ことを目標とし、今日では愛知県唯一の、幼稚園から大学・大学院までを擁した一貫教育をする女子総合学園に発展しています。

この学校では、「人間になろう」という教育理念を具現化するために四つの教育目標を定めています。①体力の増強、②学力の増進、③モラルの確立、④情操の育成、の四つです。これらは、生徒たちが学園生活全般を通して調和を保って成長し、椙山女学園のめざす「人間教育」の目標を実現するためのもので、一貫教育のメリットを活かし「いきいき、のびのび、元気」な生徒を育てています。

制服については、大正末期に制定された校服がありました。しかし、戦中・戦後の混乱期は制服どころではない状態が続いていました。一九四九年に学園長の発案で大学、高校、中学校の教員が考案した3種類の標準服を2年間試し、一九五一年に当時一番多くの生徒が着ていたジャケットとジャンパースカートのスタイルを制服に採用しました。以来基本的なデザインは変えていません。

親子二代で椙山学園に学ぶケースも多く、母親がかつて着ていた制服と同じデザインの制服を着用することになり、椙山学園の伝統と制服の良さを改めて認識することも多いといいます。

制服は学校を語るもの――生徒は学校の代表として制服をきちんと着用しており、地域の人たちからもきれいに着ていると評判がいいようです。二〇〇五年には一〇〇周年を記念した行事が催され、その中には、明治・大正・昭和の制服を再現し、現在の制服とあわせて展示するコレクション展もありました。歴史の積み重ねを大事にする姿勢は、伝統あるフォーマルに通じるものがあります。

福岡県立育徳館中学校・高等学校

●福岡県

歴史と伝統に注ぎ込む中高一貫教育の新しい風——黒とは一線を画したグレーの詰襟

文武両道・質実剛健を校風とし、創立二五〇周年の記念行事を二〇〇九年度に実施する育徳館高等学校（二〇〇七年四月、豊津高等学校から校名変更）は、一七五八年に小笠原藩の藩校として創設され、小倉城の思永館時代等を経て現在に至る歴史と伝統を持つ学校です。

地域からの要請も受け、二〇〇四年からは県下初の併設型公立中高一貫教育校として育徳館中学校を併設して新たなスタートを切りました。「育徳」の精神を大切にしつつ、学校行事をはじめとしたいろいろな学習活動で高校生と中学生がともに学ぶ場面を創出するなど、工夫した教育内容を提供し、次代の人材育成に邁進しています。

中高が同じ学舎《まなびや》を使用することで異なる年齢集団への教育が可能になり、社会性や人間性が自然と身に付くようになったとのこと。また、習熟度や生徒の希望に応じて1クラスを分割して指導する習熟度別授業や、高校の先生が中学生の授業を、中学校の先生が高校の授業を担当するなど先生方の中高間での交流も進め、学力向上を目指すとともに、一人一人の個性に応じたきめ細やかな指導を行っています。選択教科は、理科的教科「自然科学基礎」を開設し、体験活動を通して理科大好き人間の育成をめざしています。

新しい制服は、伝統と歴史のある角帽（旧藩主、小笠原忠忱伯のイギリス、ケンブリッジ大学留学帰国後、豊津尋常中学校が一八八七年に発足するにあたり、当時の在校生に下賜されたのが始まりとされています）にマッチし、近隣の学校の黒の詰襟とは一線を画した霜降りのグレーの詰襟です。女子は男子の制服と調和するグレーのスーツです。

伝統と歴史を大切にしながらも新風の期待を感じられるこの制服は、保護者や生徒からだけでなく、地域の人たちからも良い評判をいただいており、生徒たちはこの制服を着用したことを、誇りに卒業していきます。

下関短期大学付属高等学校 ●山口県

八〇周年を機に「制服セミナー」を開催、襟もとの凛とした美しさが学校の顔になった制服

下関短期大学付属高等学校は創立八〇年を超える歴史と伝統のある高等学校です。創設者の河野タカ先生の「日本民族の優秀性とその根源は女性にある」という信念に基づいて教育方針が定められ、躾《しつけ》に大変厳しい学校として地域に受け入れられています。日本の伝統文化を大切にするという考えは、学校内に浸透していて、日本舞踊、箏曲、茶道、華道といった授業も設置されています。

またこの学校では、三〇年ほど前、当時の家政科（現在の生活教養科）の生徒が自作の袴をはいて卒業式に出席したのが始まりで、それ以後後輩に引き継がれ、全国でも珍しい「袴を着用した卒業式」が行われています。

八〇周年を機に制服をモデルチェンジしましたが、「制服をどのように着こなすのが、今の高校生にふさわしいか」ということを生徒たちにもう一度考えてもらいたいと、新制服作成に尽力してくれた専門家に講師を依頼し「制服セミナー」を開催しました。生徒自身も自分たちの制服をデザインしてくれた人の話をじかに聞くことができるのはうれしい

ことで、とても新鮮だったとのことです。また、「制服セミナー」を開催したことで、「私服から制服に切り替えることで気持ちの切り替えになる」といった、制服を着ることの指導ができるようになりました。

「こういう講演が全国的に行われて、制服の正しい着こなしが広がっていけばいいのですが」と、そしてさらに「学校に対する誇りを持ってほしい。制服を誇りに思うことは、学校を誇りに思うことでもあるので、制服を愛する、学校を愛するようになってほしい。制服が学校の顔になるので、あの制服を着ている子は素晴らしいと地域の人たちから言ってもらえるようになってほしいものです」と学校側は期待しています。

学習院初等科、中等科、高等科、女子中・高等科　●東京都

開校以来不変の、日本ではじめて制定された制服

学習院は一八四七年、京都御所日御門前に公家の教育機関として開校しました。そして、一八七七年、神田錦町において華族学校開業式が行われ、明治天皇より校名を「学習院」と賜り、現在の学習院が創立されました。以来、歴史と伝統を継承しつつ、幼・小・中・高・大と一貫教育を行う学校としてその存在を誇っています。

「学習院」という名称は、論語の「学而時習之　不亦説乎（学びて時に之を習う　亦説ばしからずや）」に基づいています。

「幼児の保育から大学教育にいたる一貫した教養を与え、高潔な人格、確乎とした識見並びに近代人にふさわしい健全で豊かな思想感情を培い、これによって人類と祖国とに奉仕する人材を育成する」ことを目的とし、具体的な教育目標として、「広い視野　たくましい創造力　豊かな感受性」を持つ優れた人材の育成を掲げています。そして、知育・徳育・体育の調和の取れた教育を通じて、豊かな人間性をそなえ、内外にわたり各分野において積極的、創造的に貢献してゆく人材を育成することを主眼にしています。

学習院は、日本で初めて制服を定めた学校としても知られます。開校に遅れること2年、一八七九年、渡辺洪基次長の立案によって詰襟、縁取り、ホック掛けの男子制服が定められました。この制服は現在も変わらず生徒に着用されています。

女子の服装規定は、一八八五年、華族女学校の開設に先立ち服装の心得が示されていましたが、あまり厳密ではありませんでした。その後、一八八七年に洋服着用と定められ、その後世相を反映して一八八九年には「式日以外和服着袴可」となるなどの変遷を経て、一九三七年の服装規定でほぼ現在のセーラー服に定められたようです。

（提供　学校法人　学習院）

第3章

制服のチカラ

第3章では、衣服としての制服に着目します。

「制服が、衣服として求められることは何か」

「制服は、生徒たちにどのように作用し、情報を発信するのか」

「制服ならではの、価値や魅力があるのはなぜか」

など、ここでは、制服にどのようなチカラがあるのかを見ていきます。

そして、制服をつくる側の想いの根幹にある、オーソドックスでフォーマルな制服が美しい理由にも触れていきたいと思います。

衣服に求められること

■近代の女性服の歴史にみる「主体性」と「社会性」

制服が、より快適な制服へと進化してきた過程が、これから紹介する近代の女性服の改善の歴史と重なることに着目し、理解を深めていただければと思います。

①社会性による機能性の無視——機能性が低かった近代の女性服

十九世紀まで女性のスカートはかなり長いものが主流でした。息が詰まるほどのコルセットを用いるなど、男性が望む「くびれ」を強調するために、身体にはかなりの無理を強いていました。

しかし、こうした衣装は、当時の社会通念や慣習として、上流社会における格を示すステータスでもありました。

つまり、社会や他者から「見られること」につながる「装飾」や「上下関係」、「魅惑」

といった要素は重視していたものの、「着て動くこと」といった実用的な面や快適性は大きく損なわれているという、アンバランスな状態でした。

その後、一九一〇年頃のヨーロッパには、日本の着物（帯・小袖）にヒントを得た寸胴型のデザインで、コルセットをなくした女性服が登場しました。腰まわりの快適性はコルセット時代に比べて改善されましたが、着物にならい、裾が広がらないシルエットであったため、大きな歩幅で歩いたり、走ったりするということはできませんでした。

それを大きく変えたのは、戦争という社会環境の変化でした。

②快適性と主体性――ファッション意識を通して主体性が高まりました

一九一四年～一九一九年の第一次世界大戦をきっかけに、コルセットは廃れていきます。戦争中は、暗めの色の地味なものが好まれます。資源を節約し、華やかさから質素さへと暮らし方も変わっていきます。トラブルや災いに巻き込まれないよう、注意をひかないよう、周囲と同一化して個を隠すという風潮も出てきます。

女性らしさをあまり出さなくなったり、避難時の動きやすさを考慮したりするなど、身の危険やトラブルなどを防ごうという思想が衣服に表れました。

その結果、活動性は高まりましたが、あくまで、望ましくないことを避けるという意味合いであり、女性が望んでいることを積極的に体現したとまでは言えませんでした。

しかし、こうした現象を経て、着る側の「こういう服を着たい」という自然な欲求が表に少しずつ出てきたともいえます。そうして、「見られる」ためのファッションという要素を残しつつ、「自分が着たいと考える」ファッションへの下地ができていったのです。

第一次世界大戦後、服装は女性が着やすいものへとシフトし、胸や腰を強調せず、ウエストも絞らず、スカート丈もそれまでより短く動きやすいものとなりました。女性の社会進出と相まって、着て動くことを念頭に快適性も考慮したデザインです。

女性としてのファッションセンスも損なうことなく、男性と同様に主体的に仕事をしていくことが、自立した「責任と自由」であると、とらえられるようになったのです。

さらに一九二〇年代には、ボーイッシュなスタイルがファッションとして流行し、パリからヨーロッパへ広がり、日本でも一九三〇年頃には男装の麗人が登場しました。当時のヨーロッパの流行は遠い日本にも影響を与えていたことが分かります。

しかし、一九三〇年代に入ると、再び長いスカートが流行したように（保守回帰）、何かが流行すると、振り子のようにその反動となるファッションやうねりが生じるようになりました。「こういう服が着たい」という主体的な欲求に、目新しいものを求める気持ちが加わっていったのです。

以上、近代の女性の服装の意識の変遷をたどりましたが、それは、男性中心だった社会で、女性が主体的に生きていくための意識の拡大や成長のプロセスであったともいえます。

こうした近代における女性服の流れは、どことなく制服事情と似ているように思えます。

衣服が主体性を育み、その服を着たいと思うようになり、その時代を生きる同性からも高い支持を集める着こなしの域にまで高めたように、衣服を着るときの意識が広がっていったのです。まさに、ライフスタイルや視野の拡大といえるでしょう。

そして、現代の衣服に求められることはさらに増え、社会性も、快適性も、ファッション性も備えていて当然となってきました。しかも、ますます「場」を意識するようになりました。

学校の制服の場合は、特に「学校という学びの場」を意識して、さらに様々な要素が加わっていったのです。

③ 衣服の基本的機能のバランス

現代の衣服は、人間（自分・他者）が、社会や時代・環境という現実に適応していくのに欠かせないアイテムといえます。そして、次ページの図のように整理してみると、服には、方向性の異なる複数の考え方が含まれていると分かります。つまり、衣服は、人間が持つ複数の欲求（葛藤）や、異なる視点からの要求、社会性を含んだ存在であり、その選び方や着方によって、自分と他者、そして周囲との「調和」や「主張」をバランスよく図るものとなるのです。

ですから、多くの欲求を意識すればするほど、より細やかにバランスをとろうとするほど、衣服選びに迷ってしまうわけです。

しかも、まだ自分自身の考え方や価値観、ライフスタイル、人からどう見えているかなどをつかんでいないうちに、自分に「合った」服を探すのは難しいものです。自分では「これがいい！」と気に入って買ったものの、いざ、実際に着てみると「なんかヘンだ」と思えたり、周りから「似合っていない」と言われたりした経験のある人も、きっといることでしょう。

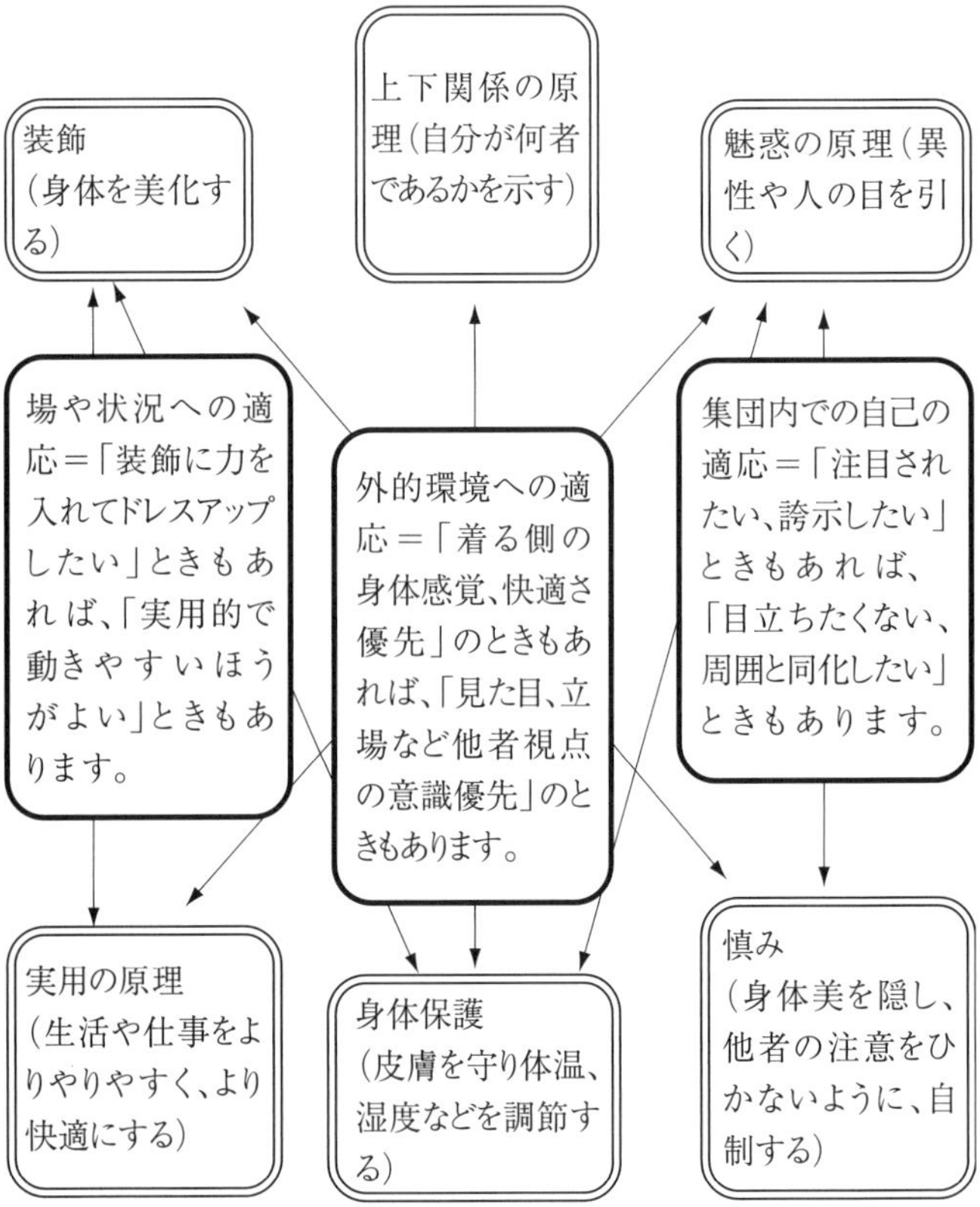
上下関係の原理（自分が何者であるかを示す）
装飾（身体を美化する）
魅惑の原理（異性や人の目を引く）
場や状況への適応＝「装飾に力を入れてドレスアップしたい」ときもあれば、「実用的で動きやすいほうがよい」ときもあります。
外的環境への適応＝「着る側の身体感覚、快適さ優先」のときもあれば、「見た目、立場など他者視点の意識優先」のときもあります。
集団内での自己の適応＝「注目されたい、誇示したい」ときもあれば、「目立ちたくない、周囲と同化したい」ときもあります。
実用の原理（生活や仕事をよりやりやすく、より快適にする）
身体保護（皮膚を守り体温、湿度などを調節する）
慎み（身体美を隠し、他者の注意をひかないように、自制する）

「３つの適応——衣服に関する二〇世紀の学説、フリューゲル説「人が衣服を着る理由」と、ラバー説「着装動機」を統合しての図式化」

人と衣服が発信する情報

■衣服は情報を発信しています

衣服は単なる身体保護や実用のためだけでなく、着る人が主体的に選ぶ「ファッション」であることが男女ともに一般化してきました。生徒を対象とした調査では、女性のほうが衣服選びに関心があるという結果もありますが、ファッションに関心のある男性も増えてきました。

衣服が何らかの「情報」を発信していることが分かっており、それを認識したうえで「服を選ぶ」のが、現代人なのです。

人間と被服に関する社会心理の研究をされている神山進氏は、現代人がなぜ装うのかについて、次の3点がポイントであると述べています。

神山（一九九六）の説

①自分自身を確認し、強め、あるいは変えるという「自己の確認・強化・変容」機能
②他者に何かを伝えるという「情報伝達」機能
③他者との行為のやりとりを規定するという「社会的相互作用の促進・抑制」機能
（出典「被服行動の社会心理学」）

つまり、やさしく言い換えますと、自分と他者とのコミュニケーションの間に衣服があるということです。その点に絞って別の言い方をしてみますと、こうなるでしょうか。

①衣服を着ることで、自分自身が何であるか、どうであるかを意識する
②着ている衣服が、他者に何らかの情報を伝える
③衣服を着た自分と、衣服を着た他者が、お互いにやりとりしやすくなったり、しにくくなったりする

そして、この説には、現代の学校生活にも通用する要素がいろいろと見受けられます。例えば、自分自身が何であるかを決めて、他者にそれを伝えていくことは、「自分のキャラクターを決めて示すこと」と結びつきます。いまの学校生活では、「キャラ」を演じ

て立ち位置や居場所をつくる傾向がありますから、自分と他者、さらに社会との関係のなかで自分のありようを見つけていくよりも前に、とにかく自分のキャラクターがこうだと発信してしまいたいと考える生徒も少なくありません。その背景には、教室の中などでの不安定なポジションを避けたいという意識もあります。

また、制服の場合は、他者に生徒であることを伝える「情報伝達」はしっかりしていなければなりません。どこの学校か、何年生か、といった要素です。

制服・ユニフォームという意味では、お店のスタッフ、スポーツのユニフォームなども同じです。店舗の制服では、お客さまにお店の個性や魅力を感じてもらい、さらに商品やサービスの基本コンセプトとも合うデザインが取り入れられています。

学校の制服も、その学校らしさやコンセプトをデザインに取り入れ、学校の特色や個性を情報として発信するところが増えています。

魅力的な制服は、着ている人自身の満足度を高めるほか、地域や近隣の評判などにも影響し、自分たちの街の学校、という愛着や誇りを育んでいきます。

■服装でコミュニケーションのしやすさが変わります

衣服は、生徒どうしのコミュニケーションのしやすさにも影響します（相互作用の促進・抑制）。

人間関係の距離にも、服装は関連します。仲間意識を示すかのように似た服を着ている人たちもいます。

自分がこうありたいと思い、自分の好きな世界や価値観をイメージさせるものを身につけ、強い情報を発していると、同好の人は近寄りやすく、そうではない人は近寄りにくいということが起きます。クラスのなかで、グループが生じていくとき、こうした服装のちょっとした違いに敏感になることもあります。

着こなし方や、持ち物などで話題をつくり、コミュニケーションを図ることもあるでしょう。

かつて、サッカーのワールドカップ（W杯）が日本で開催されたとき、街のあちこちで、青い日本代表のユニフォームを着た者どうしが会話をしたり、周囲から話しかけられたりしていました。同じ服装というのは、話しかけたり、話しかけられたりするコミュニケーションのきっかけを作りやすく、また、話しかけにくさのハードルを下げる効果があるのです。

そして、社会的に、集団としての心理が生まれるのです。

同じような服を着た人が自然に集まっていると、周りからは同じ集団と思われます。個々の内面や、その服を選んでいる理由が違っても、周囲からは「いっしょ」と思われるのです。

そして、周りから「同じ集団」として扱われたとき、うれしいのか、いやなのか、恥ずかしいのかといったことが、プライドや羞恥心となって、積み重なっていきます。

スポーツチームのファンは、胸を張って言える誇りがあるから、ユニフォームを着て街を歩けるのです。勝っても、負けても、コミュニケーションできるのです。同じような誇りを、学校の制服に感じることができるようになりたいものです。

「個性」はどうやって生まれるのか

■個性とは何か

「制服を着ると個性がなくなる」という生徒もいます。

逆に、ファッションデザイナーの方などは「制服くらいで個性は消えない」といいます。

「個性」とは、いったい何なのでしょうか。

若い世代の「制服への反発」には、勝手に決められて「束縛される感じがイヤ」という面もあります。そうした反発感を「個性がなくなる」という「借りてきた言葉」で反論している場合は、実は、個性そのものについて理解が浅いのかな、と思います。

個性は、外面的要素や内面的要素から生まれるものですが、外面的要素と内面的要素が交わるところは、見せ方のさじ加減やバランスで、すぐに印象が変わります。

特に、次々に変化するものは、その「差」が目立つのです。

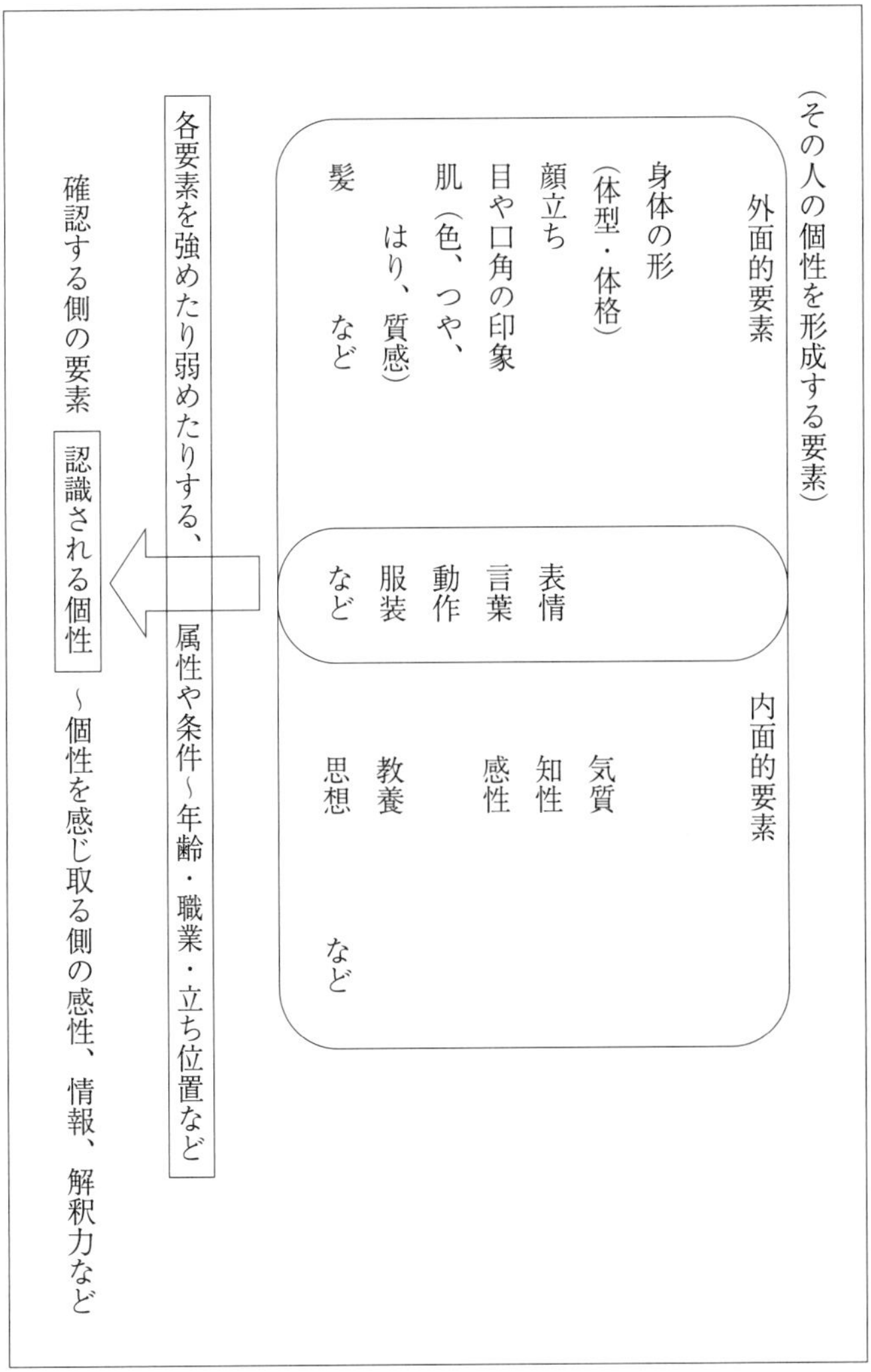
（その人の個性を形成する要素）
外面的要素
身体の形
（体型・体格）
顔立ち
目や口角の印象
肌（色、つや、はり、質感）
髪　など
表情
言葉
動作
服装
など
内面的要素
気質
知性
感性
教養
思想
など
各要素を強めたり弱めたりする、
属性や条件～年齢・職業・立ち位置など
確認する側の要素
認識される個性
～個性を感じ取る側の感性、情報、解釈力など顔や体格は似ていなくても、表情のつくり方や言葉、服装などを似せることができるタレントさんは、モノマネ上手です。逆に、素人さんは立っている姿は似てると思えても、そこから話したり、歩いたりといった動作が入ると、その動き方の違いが、「違う」という印象を与えます。

印象は、見せ方一つで変えられるものです。

制服のように、衣服が全く同一のデザインでも、人それぞれに外面的要素と内面的要素があります。「表情」「言葉」「動き」や「着こなし」など変化が見えやすい部分で、個性という信号を発信できると分かれば、個性はなくなるようなものではないと理解してもらえるでしょう。逆にいえば、無表情で言葉を発さず、動作もなく個性を分かってくれというのは変な話なのです。

■オンとオフの切り替え感覚が、ＴＰＯ（時・場所・状況）の基礎になります

オンタイムとオフタイムを分かりやすく言い換えるなら、授業中・就業中と、休み時間の違いです。ただし、静かに座っておとなしくしていることがオンタイムなわけではありません。オンタイムに大人がしっかり働いていることを、子どもたちは知っているでしょうか。

大人自身がしっかりすべきことをしてこそ、「ＯＮとＯＦＦの切り替え」が大事という言葉にも説得力が生まれます。

実は、今回の取材で、なるほどという発見がありました。

制服に仕事で携わっている方々のスーツの着こなしは「オーソドックス」であるのに、「その人らしさが出ていて、さりげなく洒落ている」という、絶妙な方が多かったのです。大人に「校則」はありませんから、衣服の選び方は自己責任です。これは、自分自身と、周囲の環境との間にある、微妙なバランスや奥行きをつかんでいることを意味します。それが、自律です。

ＫＹ（空気を読めない）という言葉が流行したように、若者も空気には敏感です。単なるガマンでなく、本当の意味で空気を読めるのであれば、ＴＰＯ（時・場所・状況）に合わせる力も磨けると思うのです。

■「リセット」的な考え方と、「個性」について

自分のライフスタイルや、ＴＰＯの感覚といったものは、ゆっくりと身についていきま

す。

成長を重ねていけば、自分の意識でファッションを「アレンジ」していけますが、最初に基本をマスターしておかないと、いつまでも土台ができません。

文化を積み重ねていく風土のあるヨーロッパ、特にイギリスでは「型」を「フォーマル」と呼び、伝統的なものを「トラディッショナル」と呼んで大切にしています。

こうした「育んでいく」考え方と正反対の方向にあるのは、文化を積み重ねるのではなく、何かで覆いかぶせてしまう（リセットしてしまう）考え方です。いまどきの若い方には、キャラクターになりきるコスプレというと、すぐに通じます。

学校の家庭科（家庭総合）でも「自分らしく着る」ことを学びますが、その前に「自分らしさ」や「自分が大切にしたいこと」や「自分の心が存在していること」を感じるほうが先です。しっかりと「自分」があること、同じように「他の人」がいること、そして「場」があることを自覚して、周囲とコミュニケーションして自分も周囲も高め合っていけるのが、ＴＰＯの理想といえます。

おしゃれで、こぎれいにしている若い方は増えていますが、柱になる自分自身の芯がないまま、流行が変わるたびにリセットしている方も少なくないように見えます。

そうした借り物ではなく、自分の心や、大事にしたいことに根差して、自分はこうありたいという感覚がゆっくりと育っていったなら、制服を着たからといって個性が消えてしまうようなことはありません。

一流のデザイナーさんたちが「制服くらいで個性は消えない」というのは、大事にしていきたいことや、自らのよりどころとなる感覚や芯をしっかり持っているからだと思います。男女を問わずにある、生き方の芯のようなものでしょうか。

■いまどきの高校生——異なるタイプが認め合える場を

いまどきの高校生といっても、様々なタイプがいます。

例えば、消費の傾向と、知的、娯楽傾向の二つの軸で、次の図のようにマトリックス化して4分割してみると、近年の高校生の生活行動は5パターンに分けられます。そして、グループ内では「同調したい」「集まりたい」などという動き（凝集性といいます）や、「グループ外とは識別したい」といった区別意識も見られます。

この分析は制服メーカーさんが実施したものです。マーケティングに市場調査は欠かせません。理想を押しつけるのではなく、現実の生徒たちのライフスタイルを見て、さらなる高みや理想をイメージできてこそ、ファッションリーダーとしての提案ができるのでしょう。

ファッションとは、マナーでもあります。「人から見た自分はどうか」という意識は、とても大切です。その場の雰囲気を、そこにいる自分と他者とでつくっているという意識が必要です「場」をとらえる意識が、「自分のルールが通る場か、通らない場か」と、自分中心の狭い視点になってしまうと、その後の成長や成熟による視野の広がりが期待しにくくなります。

自分で、自分の可能性や器の大きさを狭めてしまっては、後で大きく育つための「伸びしろ」が小さくなってしまいます。

そうならないためにも、異なるタイプの他者とコミュニケーションし合える環境は、とても大切です。同じタイプ、違うタイプ、様々な他者からの働きかけが、自分の存在や振る舞いを肯定し、お互いに活かし合うきっかけとなるからです。

本物志向でこだわりを大事にする **クオリティ重視派**	（積極　消費）↑	トレンドに敏感に反応する **感性優位派**
（知的）←	何事にもバランスよく **バランス志向派**	→（娯楽）
変革を望まない **保守堅実派**	↓（消極　消費）	合理性や快適性を好むクールな **生活合理派**

■高校生のライフスタイル事例

	感性優位派 Aさん（公立高校2年生）	生活合理派 B君（公立高校2年生）	クオリティ重視派 Cさん（私立高校2年生）
生活態度	●感性は素敵 ●新し物好き ●瞬間を楽しむ ●夜間行動頻繁	●合理性は快適 ●冷めた眼で物事を見る ●魅力ある人間を志向 ●TPO使い分け上手	●知性は美的 ●勉強、スポーツ等に目的意識 ●パソコンネットワーク ●趣味の奥行き深い
学校生活	●コミュニケーションの場 ●友達は広く浅く ●メル友は3ケタ	●成長を育む楽しい場 ●友達多いが使い分け ●勉強、部活も要領	●教養を養う通過の場 ●友達大切、友情あり ●部活熱心、塾通い
消費態度	●流行に敏感、追従 ●消費意欲大、親頼み ●クチコミ、マチコミ、メルコミ	●価格に敏感 ●消費慎重、やりくり上手 ●様々なメディアから情報	●ブランドを信用 ●消費淡泊、親頼み ●常識の範囲で情報
ファッション	●小学高学年に自分で購入 ●メイクは中学に入ってすぐ ●トレンドファッション店が好き	●自分スタイルを志向 ●安物もブランドもリメイクも ●リサイクル店、100円ショップ	●自分で購入は中学から ●シンプルであきのこない物 ●セレクト、ブランドショップ

ニッケ高校生インタビュー調査より

制服を美しく着るには

きちんと着るときの基本は、鏡を見ることです。ですが、大人と子どもでは、服を着てきた年月も経験も違います。制服ともなれば、なおさらです。ただし、大人は言葉や理屈ではなく何となく分かっていることも多いため、子どもにきちんとした説明をすることが苦手な場合もあります。

ここでは、お子さんたちが制服をきちんと着るときのコツとあわせて、なぜ制服が美しいかという、制服の根底にあるものをお話ししていきます。

■制服の基本

詰襟の学生服は、その「まっすぐさ」が、美しさの基本です。

襟が縦に伸び、胸からお腹にかけてボタンで縦のラインができます。ですから、そこに芯があるように見せると、整って見えます。

ただし、シルエットが四角くスクウェアで、堅い感じがしますので、ちょっと武骨で、形式張った感じもしてしまいます。ある意味、詰襟の学生服は、まっすぐな筒を着る感じであり、外骨格の鎧を「外側からまとう感じ」であり、どのような体格でも同じように外側から包みこみます。活動性を損なわないよう、伸縮性があって動きやすいストレッチ素材を使うこともあります。

女子の紺サージは、生地の色を濃いめにすると、かなりシックになり大人びてみえます。生地は質感が良く、仕立て映えのする純毛が好まれます。

スカートには車ひだと箱ひだ（ボックスプリーツ）がありますが、ポケットは箱ひだのほうが両脇（左右）に付けられるので便利です。

詰襟も、ブレザーも、スーツも、シルエットを美しく見せる基本は、きちんと採寸して、身体にフィットする大きさのものを選ぶことです。成長期だからと大きめのものを買うと、バランスが悪くて制服と自分がうまく合わないため、制服の良さを実感しにくくなる原因になります。学校制服専門メーカーのものであれば、後から袖丈が伸ばせるなどの工夫がされているので、そうした成長期への対応も確認しましょう。

そして、詰襟と、スーツやブレザータイプが大きく異なるのは、首から胸へのＶゾーンです。

現在では男子だけでなく女子の場合でも「三つボタン」と「タイ」のタイプの制服があります。シャツと上着の襟のバランスが整うと、知的で凛々しく見えます。女性のブラウスの場合は襟も丸いラウンドではなく、鋭角なノーマルカラーであると、知的な印象が強まります。頭身のバランスを考えると、スーツタイプは中学生より高校生のほうが似合うでしょう。

■ブレザーのフィット感と、Vゾーン

ブレザーは、ラインやシルエットと、体格をフィットさせることで見栄えがします。いわば、「内側からの輝き」を持たせられるアイテムです。

女子のブレザーは、リボンもタイも似合います。ジャケットだけでなくスカートも含めたコーディネートを考える必要があります。

リボンとタイが選べる学校もありますが、リボンは横の広がりを、タイは縦のラインを整えるときれいに見えます。いずれの場合も、前のボタンは留めることが前提ですが、ブレザージャケットの長さの違いで、シックにも、アクティブにもなるのが、ブレザーの印

象の奥深いところでもあります。

イギリスの学校では、「ネクタイ（タイ）」については、特にうるさく指導するといいます。

なぜなら、ジャケットは着たときの安定感がないと軽く見えてしまうからです。そこで、顔からおなかにかけて、一本、まっすぐな芯を通しておくだけで、全体の安定感が高まるのです。それは、男性のブレザーも同じです。

「緩めるのがかっこいい」と、タイをルーズにしたがるのは、「それはタイの本来の役目を理解していない」といえます。「ＯＮ」のときにきちんと締めていて、その後の「ＯＦＦ」で緩めるということであれば理解できますが、「ＯＮ」の状態で緩めることは理にかなっていません。

首まわりは意外と暑くなるものですから、タイを締めることを想定してシャツを選ぶことも大切です。服を買うとき、着る人の身体の形をきちんと把握して買うことが、基本になります。お子さんが面倒がっても、コミュニケーションをとって服の話をして、身体に合う服を買うことがフォーマルや制服の基本だからと教えていただきたいのです。

女子の場合、生徒自身も「美しく制服を着たい」という関心が、男子よりも高いものです。身体の成長期であっても美しく着続けてほしいからと、採寸や補正をこまめに行えるよう、校内に制服店の出張所があって、決まった曜日や時間に相談に乗ってくれるという学校もあります。

■見た目の印象の微妙な違いが分かるのもフォーマルだからこそ

中高一貫の場合、成長期にあるため中学と高校では頭身も顔つきも違ってきますから、同じようなデザインの制服でも、同じようには見えません。また、そこが発達や成長を促す鍵であるともいえます。

ネクタイの柄、タータンの柄なども、中学と高校で違う色合いにするなどして、違いを出せます。中学から高校へ進みたい、成長したいと思えるようになれば、成功といえるでしょう。

制服は、流行《はや》りすたりに翻弄されず、建学の精神や学校の理念など過去も現在も未来も変わらないコンセプトを柱に、時代を重ねていけるように設計されます。

そうした普遍性をしっかり持たせておくことにより、そこにちょっとした工夫で時代性を取り入れることが可能になります。

近年の例でいえば、街でソフトスーツが流行り、襟の位置が上がりました。それに合わせて、ちょっと襟の位置を上げるだけで、今風の印象に変わるのです。シルエットやパターンを大きく変えるわけでなく、ちょっと襟の位置をマイナーチェンジするだけで、時代を反映させることができます——これも、もとがスタンダードであるから、できることです。

流行を追いかけるのではなく、変わらない本質を追求して完成した制服を、時代に合わせて微調整していくのです。

山梨学院大学附属小学校・中学校・高等学校　●山梨県

小・中・高を通じてのフォーマル教育で、生徒・児童のプライドと連帯感を育てる制服

学校法人山梨学院は一九四六年の山梨実践女子高等学院創立に始まり、一九五六年に附属高等学校が開校しました。一九七五年には県内初の英語科を増設し、一九九一年、普通科に特別進学コースを開設しました。また、一九九六年には附属中学校が開設され、男女共学の中高一貫教育を推進してきました。

そして、二〇〇四年には小学校が開設され、幼小中高大、大学院と密接な連携教育大系が完成しました。子どもたち一人一人の多様な知的能力を育て、真の適性を見いだすことを重視した教育は、幼稚園から大学院まで一貫していて、それぞれの学校が独立性と独自性を保ちながらも連携していくというスタイルをとっています。

この学園では小学校から制服を採用しています。制服の持つフォーマル性を重く見たからで、フォーマルな場にふさわしい服装、着こなしのマナーなどを制服を通して学んでほしいという思いからだといいます。小学校では入学式、授業参観、音楽鑑賞会などの公式

行事には全員着用させますが、それ以外の場では着用義務はありません。日常の着用については保護者の判断に任せています。

中高の制服は、シックでフォーマル感と統一感があって、保護者、生徒、地域からも評価されて人気があるそうです。男子は伝統を継承する濃紺の詰襟、女子も濃紺のスーツにリボン。学校関係者は制服を山梨学院で学んでいるというプライドや連帯感を育む絶好の材料と考えており、小学校の開校に合わせて制定された小学校の制服も、山梨学院生としての連帯感をいっそう強化するものになっているようです。

法政大学中学高等学校　●東京都

男女共学を機に、シックな制服で社会の一員としての身だしなみ意識もアップ

法政大学中学高等学校は二〇〇六年に創立七〇周年を迎えました。法政大学の附属校としては初めての男女共学校となり、翌年には井の頭公園の南、三鷹市牟礼に新キャンパスをオープンしました。

この学校は「学ぶ喜び、誠実、礼儀」を教育の基本方針としています。つまり、生徒が自らを高め成長していくために、学ぶ喜びを知り、社会で大切な礼儀を身につけ、他人や自分に誠実であり、社会に出た後の財産となる基礎を身につけさせること、確かな学力を身につけるとともに、今後の社会に貢献できる人材の育成を第一に考えています。

七〇周年を機に男女共学にふみきったこともあり、法政大学中学高等学校の新しい象徴のひとつとして、制服を制定することになりました。

さわやかさを重視し、新しい学校にふさわしい飽きのこないデザインを選びました。スクールカラーであるネイビーとオレンジを生かしたシャツの襟元に学校のロゴを入れ、法政大学中学高等学校の生徒であることの自覚を促しています。

女子生徒が入学したことで校内の雰囲気が変わり、男子生徒にいい影響を与えているとのことです。これまでは男子高校で服装も私服が認められていたこともあって、保護者からは毎日の服装に費用がかかるとの批判的な声もありましたが、制服を制定し、着用を義務付けることによりそのような声もなくなりました。また、制服を着用することによる身だしなみについての会話が生まれ、親子のコミュニケーションがアップしたとの話もあるそうです。

制服により、連帯意識も生まれているようで、法政大学中学高等学校の一員であるとの自覚が一層強まってきている、とは学校関係者の言です。

高槻市立第四中学校　●大阪府

制服は学校の魂と考え、地域ぐるみで学力と意欲を向上——誇りと連帯感をもたらした制服

高槻市立第四中学校は次世代を担う生徒の自主性を育み、個人の育成に重きを置くユニークな学習活動を行っています。

「であい、ふれあい、アイデンティティー」というテーマのもと、生徒それぞれが社会の一員として自分自身を見つめつつ、見通しを持って将来の自分を考えられるよう、様々な体験学習しています。その体験学習を通して生徒自らが考え、計画し、実行していく力を育み、自主性を養い、自らを知る機会を多くつくるようにしています。そして、自分の役割を知り、助け合い、仲間意識・連帯感といった社会生活の基本も合わせて学ばせているそうです。

人間関係づくり、自己表現能力の育成、自分の将来を展望する力を身に付ける、ということを目標にプログラムを組んでいて、福祉体験では、実際に福祉施設に赴いて活動するだけにとどまらず、実際に感じたことを生徒の視点から高槻市長に提言する場を設けています。２年次の職業体験では、生徒が直接企業にアポイントをとり訪問する時間を設けて

いて、地域の協力を得ながら生徒たちの体験学習を進めています。場面によっては中学生にとっては厳しい実習教育の場となることもあって、先生にとっても心配な点もあるそうですが、「手を離せ、目を離すな」の精神で指導しているとのことです。

四中の制服は中学には珍しいブレザースタイルのもの。そして、制服は学校の魂であると位置づけているそうです。「制服感情のようなものがあり、制服に袖を通した瞬間から学校の一員としての誇りが生まれ、自覚と責任を持った心が生まれるという認識で、同じ学校に通う者どうしの連帯意識を育み、地域の象徴としての周囲から愛される制服であってほしいと願っている」と学校関係者は言っています。

第4章

制服と学力の関係

制服に求められる価値は、様々です。

着用する生徒たちの学力と人間性の向上は、もちろん多くの方々が期待されているところですが、制服自体についても、経済性、安全性など、多くの観点から、価値の向上が図られています。

ここでは、制服に関するデータや見解などを紹介していきます。

また、現在の潮流としての小学校の制服（標準服）にも触れていきます。

（本書では、実情に即して、小学校の制服については標準服という表現を併用します）

制服と学力の関係

着ただけでやせる服はありませんが、着ることで運動を続けやすくなる服があって、それを着て継続的な運動量が増えたら、運動の効果が表れることでしょう。

学力も同じです。着ただけで頭が良くなる制服はありません。

しかし、勉強の習慣をつけることができたり、勉強の集中力を高める環境づくりに役立ったり、勉強したいというモチベーションにつながったりする制服はあります。

制服の助けを借り、自主的、継続的にいい勉強をすればその効果は表れます。衣服は人の行動に影響を与えます。毎日着る制服だからこそ、その効果が積み重なるのです。

■勉強をサポートするメカニズムと制服

①勉強の習慣づけと、制服

子どもが勉強をしたり、成績が上がったりすると、よくやったねとご褒美をあげたくなるものです。「頑張れば、ご褒美がある」というのは、一見、意欲をかき立てるようにも思えます。しかし、心理学の研究で分かっていることですが、モノやお金などの報酬は、慣れてくると効果が薄れてしまうのです。ですから、受験のように長期間の勉強が求められることでは特に、「他者からのご褒美」が目当てではなく、「自分から勉強する気になる」ような環境づくりが重要です。

オン・オフのスイッチを切り替えるのに、格好や場所が効果的というのは、スーツ姿でオフィスで働く社会人と同じです。勉強する場所と制服によって「勉強のスイッチオン」の感覚を持ってもらうことが大切です。

勉強は、やり始めると、案外できるものです。やるまで取りかかりにくいのが問題なのです。だから、「制服を着ること＝勉強のスイッチを入れること」という習慣づけをすることで、制服の力を借りて「勉強を始めて」もらうのです。

制服は座学をする体勢も念頭においてつくられています。座ったときの着心地や、机の上に軽く手を前に出したときの感覚も、制服であればごく自然なものとなります。そうした豆知識も、制服が勉強に適しているということの一つのエピソードです。

②勉強の集中力と、制服

そして、自発的に勉強するスイッチを入れることができるようになると、そこから集中力が生まれます。やらされているのではなく、自分から「勉強モード」に入っているからです。

集中すれば時間は短く感じますし、勉強することに慣れていくと、さらに持久力がついてきます。制服を着ているときは勉強する、あるいは、家庭で勉強するときも、制服を掛けてあるところで勉強する習慣をつけると、勉強しているときに常に側にある、側にいてくれるもの、という感覚ができてきます。

勉強の時間であると意識するものを置き、気を散らすものを置かないことも、長い時間、勉強に集中していくうえで必要な条件です。

色彩心理の話になりますが、青系統の色のように、「沈静効果」や「集中効果」がある色もあります。自制心を促したり、探求心を持ったり、こつこつと地道な行動を重ねるといった冷静さが、青には備わっています。オフィスなどでも寒色系が使われます。もし、制服が青系統であれば、特に工夫せずとも、そこに青があることになります。

③勉強したいというモチベーションと、制服

「その学校の制服が着たいから、勉強した」などという生徒さんもいます。もちろん、制服だけが進学先を決めた理由ではないのでしょうが、希望する学校の説明会や、学園祭など、実際に制服を着て過ごしている先輩たちを見て、入学して自分もそうなりたいと思って努力する、ということはあるようです。

人間は、ある対象に対して好ましいイメージを持つと、それを獲得するためのモチベーションが上がります。憧れを抱くことは、プラスに作用します。素直に「行きたい学校があるから、受験する」と思い、さらに、そのイメージをうまく想像できるように「制服」を思い浮かべて自分の勉強の「動力」とすることも、理にかなっています。

④周囲や場のアプローチ

私服ではなく、制服を着て勉強していること自体が、周囲から見ると「勉強している」という雰囲気をつくっていきます。勉強の雰囲気といえばよいでしょうか。

学生は勉強することが本分であると大人はいいますが、理屈ではそうでも、実際は「周りが勉強している空気だから、自分も勉強する」といった生徒も多いのです。

制服を着て勉強する人たちが自然に集まっているところ、例えば図書室などは、勉強しやすい空間になります。制服を着た一人一人が勉強していれば、それが勉強する場の雰囲気をつくることにも役立つのです。

■様々な学校の事例

①アメリカの事例

当時の新聞記事によると、ロングビーチ学校区教育委員会のリチャード・バンダーラーン広報担当は、つぎのようなコメントを残しています。

> ――四年前からこれまでに小学校7校、中学校４校がテスト着用してきた。ギャングの動きが抑制できたのはもちろん、初の実施校の小学校は学区内でトップの出席率になり、行儀も格段によくなった。なぜか成績も上昇した。

制服を導入したことで成績が上昇したことについての詳細な分析や理由はありませんが、出席率が上がり、行儀もよくなったから、授業の内容が試験で出されてもきちんと答えられる生徒が増えた、ということは言えるでしょう。

また、ロングビーチ学校区の停学者数についても、制服の導入によって以下のような減少が見られました。生徒たちの問題行動の減少も、学習環境の向上につながります。

	導入前	導入後	増減	パーセント
小学校	3183	2278	−905	−28%
中学校	2813	1814	−999	−36%
小中合計	5996	4092	−1904	−32%

②日本の事例

二〇〇九年五月の地域ニュースで、制服の再導入を決めた高校が取りあげられていました。ここは、生徒の要望で制服を廃止していたものの、志願者が減少してしまったため、周辺の中学校や塾などに意見を聞いて回ったそうです。すると、「制服がない学校は中学生に敬遠される」という声が多く、その指摘を受け、学校改革の一環で「制服再導入」を決めたのだそうです。

「自由すぎる」と、どうしてよいのか分からなくなってしまい、かえって敬遠するというのも現代高校生気質なのかもしれません。

実際に、いったん制服を廃止したものの、制服を再導入して志願者数が回復した学校の例もあります。学校へは入試を経て入学しますから、倍率が上がると、より高い学力も必要になります。その学校に入りたいからと勉強をする学生が増え、そして入学するというのも、ある意味、制服による学力向上であると思います。

こうしてみると、制服で本当に伸びる力は、単なる学力に限らないことが分かります。

自分のことは自分でする姿勢が勉強に表れてくれば、自分の努力で成績は上がります。

制服にしさえすれば頭が良くなるというのではなく、自分が自分のことにまじめに取り組める環境を構築し、様々な学びを支援するのが、制服なのです。

制服の経済性

■制服は高い買い物か？

制服を導入したアメリカの学校では、学校の父母から「ふだん着よりもよっぽど安上がりね」という声が聞かれたそうです。

なぜ安上がりなのか、制服と普通の衣服の違いをみていきます。

生地の話をしますと、おおむね、男子生徒の制服用の生地が最も重く、婦人服の生地が最も軽いのだそうです。そして、重いほうが耐久性も高いといいます。

安価なスーツを買い、それを着続けたとして、どのくらいもつでしょうか。複数購入して、休ませつつ着るのが一般的ですが、もし、一着を休みなく着続けたら、3か月ともたないでしょう。それを考えると、制服は、お得と思えるのです。

経済性は学校制服に求められる要素の一つでもあります。

制服がなぜ経済的か、耐久性のほかにも様々な理由がありますので、あげておきます。

①成長や活動性を念頭においてつくられている

例えば、後から5センチ袖を伸ばせる紳士服は、見かけたことがありません。制服は成長期の子どもたちが着るという前提で設計されています。この設計思想の差が重要です。

活動性についても、自転車通学であったり、かばんを斜めがけにしたり、重いスポーツバッグを肩にかけたりと生徒ならではのシチュエーションが想定されています。「廊下は走らないこと」と決まっていても、実際に生徒たちは、走りますし、跳んだり跳ねたりしていますし、時にはそのまま軽い運動やスポーツをしたりすることだってあり得ます。制服ではなく、普通のスーツを着て体育館で軽くバスケットボールをやってみたところを想像してください。ちょっとした摩擦ですぐ穴が空きますし、服を破きそうです。

耐久性だけでなく、活動性も制服の持つ高い付加価値です。

②儀礼・冠婚葬祭にも着用ＯＫ

儀礼用の服というのは、高価なものです。ダークスーツが普及したのも、様々な場に着ていける学生服と同様の発想です。制服は冠婚葬祭にも着ていくことができます。

③自由化するとファッションがエスカレートする

エスカレートする理由は、目立ちたいということだけではありません。実際のところでは、周りと同じにしないと目立ってしまう（目立ちたくない）とか、自分が周りよりも下に見られるのはイヤであるという感覚です。最低ラインと目される基準がどんどん上がってしまい、周囲に合わせてエスカレートせざるを得ない買い物（非計画購買）になってしまうので、経済的なコントロールも難しくなります。

④時間コストの効率化

制服があるほうが、私服（自由服）よりも「朝、身支度の時間が短い」ということが知られています。実際に、服装が自由の学校でも、生徒たちはめいめいに「自分で決めた制服」を着ているというケースも少なくありません。その理由としては、面倒くさくない（男子）、迷わなくていい（女子）、ぎりぎりまで寝ていたい（男女問わず）などという正直な声が聞かれます。

制服の安全性

■制服を着ることで安全性が高まる理由

制服自体が高い防御力を備えている、などと思う方はいないと思います。むしろ、制服を着ていれば生徒たちがふさわしくない場所に出入りしにくくなる（トラブルや犯罪に巻き込まれにくくなる）ということです。また、周囲から見ても「制服を着ていれば生徒・学生であると分かりやすい」という性質があるため、その場の大人たちが子どもたちを見守る姿勢があれば、安全性は高まります。

制服を着れば安全というのではなく、制服を着ている若者たちを、大人たちみんなで守っていこうと、大人として留意すべきなのです。

具体的に制服が犯罪を抑止しているとする統計として、ロングビーチ統合学校区の資料があります。

前に、アメリカのカリフォルニア州ロングビーチでは制服導入による安全性向上が図られていることを紹介しましたが、このグラフのように、テストケースでの統計がしっかり

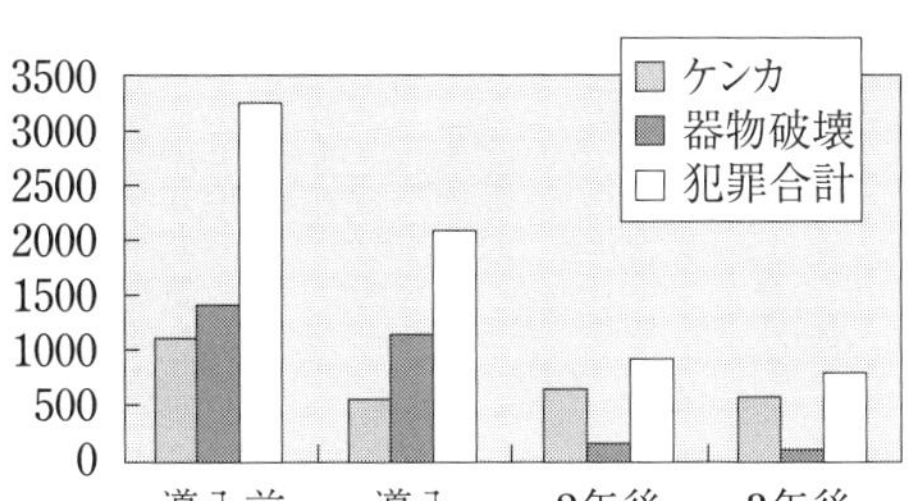

制服導入による犯罪の減少（アメリカロングビーチ）

取られています。こうした論拠があって、安全性に役立つということを実証しているのも、アメリカらしいといえます。

■割れ窓理論

ニューヨークの話ですが、落書きがいっぱいだった地下鉄がきれいになりました。落書きを消していったら、治安が良くなり、住みやすくなったというのです。

治安悪化が問題だったニューヨークの地下鉄公団は、犯罪学者の提案に従って、落書きを全部消し、小さなトラブルにもきちんと対処して取り締まり、地下

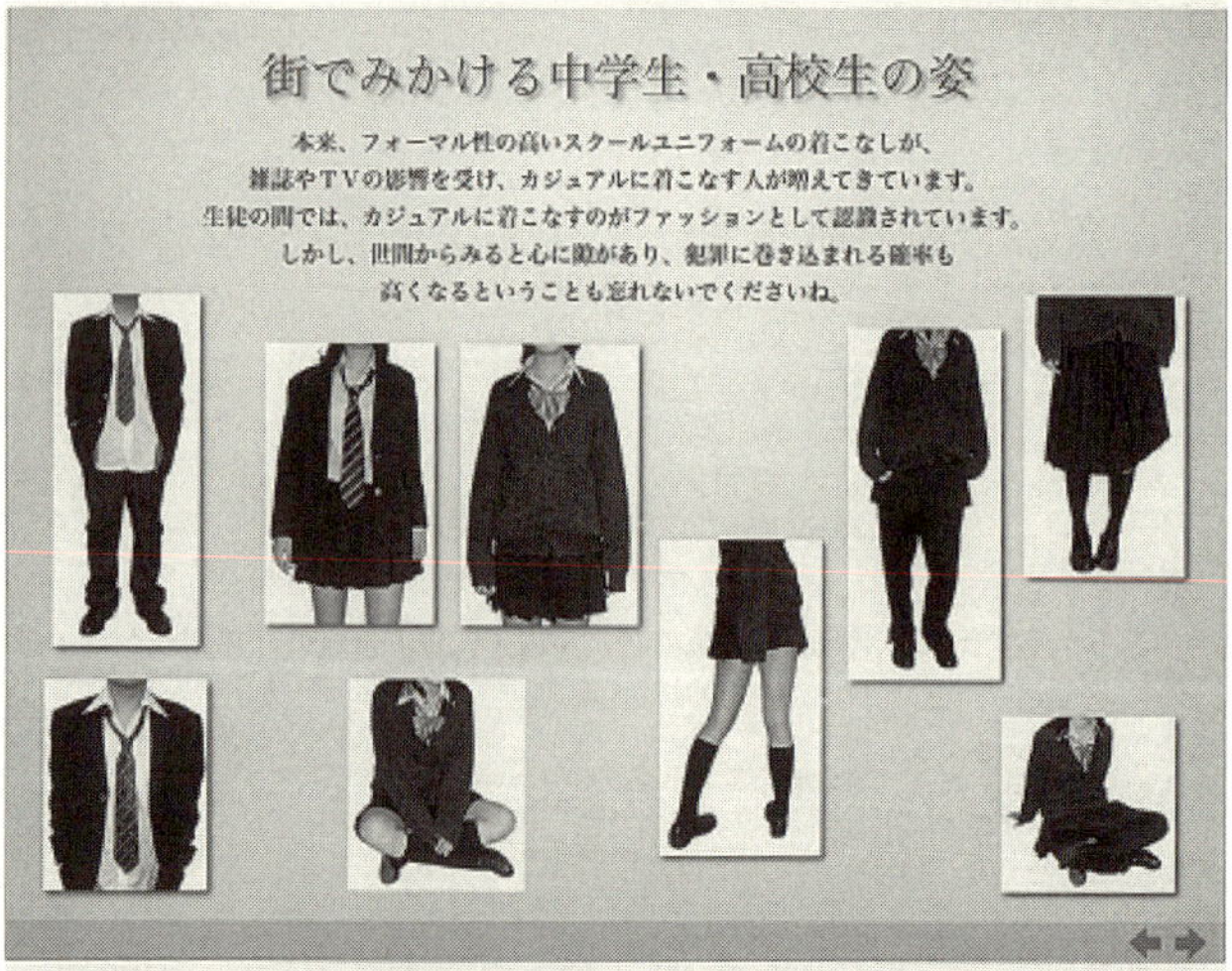
街でみかける中学生・高校生の姿
本来、フォーマル性の高いスクールユニフォームの着こなしが、
雑誌やTVの影響を受け、カジュアルに着こなす人が増えてきています。
生徒の間では、カジュアルに着こなすのがファッションとして認識されています。
しかし、世間からみると心に隙があり、犯罪に巻き込まれる確率も
高くなるということも忘れないでくださいね。

「SCHOOL UNIFORM SEMINAR」より

鉄内の凶悪犯罪の発生を減少させることに成功したといいます。これを知って市警察でも同様の活動が開始され、同市の犯罪件数そのものも減っていったのです。

犯罪が激減したのには理由があります。それは、「見られていること」と「放置されないこと」で、外から、秩序（社会規範）の存在を浸透させていったことにあります。

形を崩すことは、整ったものが壊れること、秩序だったものの崩壊を意味します。つまり、形が崩れているものがそのままになっている場所は、そこで何が行われても秩序がないという「場の空気」を生み出します。この、空間が人間に与える作用は大きなものです。

犯罪が発生してから検挙するという事後策ではなく、発生を防止する策だからこそ、心理的にも安心が得られるのです。

もともと、この理論は、空き屋や空きビルの窓ガラスが破られるなど、治安の悪かったカリフォルニアで、軽微なことから取り締まりを強化し、凶悪犯罪の発生を減らした事実に基づいて唱えられたもので「割れ窓理論」と呼ばれています。

個人の中で秩序が崩れ、それが集まって、場の秩序を崩せば、そこに影響を受けた個人がさらに秩序を崩していきます。負の連鎖です。

データで見る小学生標準服事情

近年、小学校でも制服（標準服）を導入する動きがみられています。いくつかの合理的な理由があることから考えると、今後、増加する傾向にあると見込まれます。

身長が最も伸びる時期も、昔の子どもと今の子どもでは違うそうです。男子が十一～十二歳、女子が九～十歳と、ピークの時期が昔より約三年早まっているといいます。昔、中学生に起こっていた大きな身体の変化について、今は、小学校で対応し、気づきを促していかなければならないのです。

■「家庭面」における小学校標準服の効果

①エンジェル係数と私服にかかる費用

家計に占める子どもの費用の割合をエンジェル係数といい、毎月の家計支出総額の四分の一以上、七二〇〇〇円になるというデータがあります。

このうち私服にかかる費用は、一世帯あたり年間三〇〇〇〇〇円。

さらに、小学校の入学式や卒業式での式服は一式三〇〇〇〇円～五〇〇〇〇円という水準になっており負担は高まっています（第一〇回家計と子育て費用調査によります）。

もし、標準服を着用することで、私服の費用が着用時間を換算しておよそ三分の一になり、標準服の費用が三年間で三四五〇〇円かかるとすると（内訳…冬服二六〇〇〇円、夏服八五〇〇円／三年間）、一年あたりの節約額は年間八五〇〇円にものぼります。

制服にいくらかかって、普段の服はいくらで、という話をされるのもいいでしょう。子どもは自分では支払いませんから、そこは、大人がきちんと話をするべきでしょう。恩を着せるという意味ではなく、モノの価値や、ＴＰＯと関連づけて話すとよいでしょう。

②生活習慣におけるメリハリのつけやすさ（オン・オフ）

オンとオフの区別がつけば、日々の生活習慣もメリハリが付きます。一定の時間、集中して物事に取り組む習慣をつけることで、持久力と集中力を鍛えることもできるでしょう。

大人は、時間もコストであることを知っています。子どものときから時間の使い方が上手であれば、それは成長期はもちろんのこと、大人、社会人になってからも役立ちます。

③ 場に適応するＴＰＯ教育の端緒として

子どもに対して、ただ「おとなしくしていなさい」と押さえつけるだけでは、自分と、その場が、相性の悪いように感じてしまいます。むしろ、様々なよそいきの場に制服で出かけることによって、その場を一緒につくっている感覚を育てるようにしたいものです。それは、けっしてお高くとまっていることではなく、おもてなしや社交のマナーに通じる、いわば社会で生きていくための教育です。場のマナーや振る舞いを身につけるため、小学生のうちから標準服を着る機会を積極的に設けていくのです。

■「学校教育面」における小学校標準服の効果

① 小中一貫教育の増加

小中一貫教育の場には二種類あります。施設や組織も一体となって運営する「施設一体型一貫校」と、近隣の小中学校が連携して行う「施設分離型連携校」です。施設が一緒であれば、小学生たちは、すぐ身近に中学生たちを感じます。中学生たちは小学生たちの存在を感じます。

中学生だけ制服でいる、というよりも、小中学校とも制服であるほうが、つながりを感じやすいといえるでしょう。

一般に、小学生の子どもたちは中学生活が近くなると、それまでの延長ではないと感じるため不安が高まります。近くに中学生がいれば、そうした面も緩和されるでしょう。

一方、中学校の教師からは、小学校のうちにしつけをして、集団生活で求められる基礎的なことを身につけたうえで中学に来てほしいと願う声が多く聞かれます。中学生たちも、近くに小学生がいたら、お姉さん、お兄さんとして、はずかしくない振る舞いを自然に心がけるようになるでしょう。

②ＴＰＯ教育として

家庭と同様、学校でもＴＰＯを教えることは金額には換算できないメリットをもたらします。

低学年のうちは、じっとおとなしくがまんすることが大事、と教えるかもしれませんが、高学年になるにつれて、場の雰囲気を自分たちがつくっていることに「気づく」体験が必要です。

秋田県立大曲農業高等学校

●秋田県

創設一一〇周年を機に制服委員会でつくった、オリジナルのスーツ

一八九三年、秋田尋常中学校に農業専修科が設置されたのが大曲農業高等学校の前身で、県内では二番目に古い歴史のある学校です。一九四八年の学制改革で現在の秋田県立大曲農業高等学校となりました。一九九七年度から農業学科・生物工学科・生活科学科の3学科構成となり、総合選択制を実施しています。二〇〇二年には創立一一〇年を迎えました。

大曲市は市の面積の約4割は水田であり、「あきたこまち」を主力とする県内有数の穀倉地帯です。この学校は、地域農業を支え、全国に活躍する人材を多数輩出しています。

一九四八年に秋田県立大曲農業高等学校と改称された後の制服は、男子が黒の詰襟、女子は紺のボレロにジャンパースカートでした。

一九九二年の創立一〇〇年を機に制服の見直しを始め、モカ茶色のスーツが正装に決まりました。一見して「大農生」と分かり、目立つという部分で周囲の評判も高かったので

すが、二〇〇二年、創立一一〇周年に当たり新制服を定めることにしたそうです。

制服検討委員会を立ち上げ、学校の希望・条件を加味し、制服業者の協力を得て検討を加えていった結果、大曲市内の高校にはないオリジナルの紺色になり、三つ釦スタイルのスーツになりました。

この学校では、身だしなみに関する月に一度の整容指導を実施しています。指導の要点は、制服をきちんと着ることを通して生徒により充実した高校生活を送らせることにあるそうです。今後この制服が新しい伝統として定着するよう期待したいと学校関係者はおっしゃっていました。

八戸工業高等専門学校　●青森県

学生会が主体となって制服検討委員会を立ち上げ、新たな伝統をめざした制服

青森県南東部に位置し、人口二四万人の青森第二の都市、八戸市に工業高等専門学校が生まれたのは一九六三年のこと。近年、四五周年を迎え、記念式典を挙行しました。

八戸工業高等専門学校は機械工学科・電気情報工学科・物質工学科・建設環境工学科の

4学科からなり、5年間一貫教育による実践的な技術指導による、積極性のある前向きな人材の育成を目標にしています。

1・2年生の男子は全寮制で、生活を共にすることにより、家庭では得られない体験を通して社会人としての基礎を身につけさせています。「現代のような均一的な社会からは個性や独創性を要求され、自分でモノを考え創造する人材が必要となる。新しい技術・アイディアが求められる。本校の学生には技術の基本を学び、日本の将来を背負う技術者になってほしい」というのが当時校長であった柳沢栄司先生の願いでした。

また柳沢前校長先生は、「服装は、フリーな状態であるよりもきちんとした身なりをしているほうがいい。制服として着用を徹底させるならば、生徒が着たくないものよりも、着やすい、きっちりしたものがいい」という考えで、女子生徒の新しい制服を決めたそうですが、それは学生会が主体となり、制服委員会を立ち上げ、デザイナーさんや関係業者の協力で話し合って決まったもの。落ち着いた黒系と赤のタータンチェックが採用されており、明るいキャンパスの演出に一役買うことが期待されています。

「今後女子学生が増えることも予想され、活発な女子学生の活躍が新たな伝統に育っていけばと願っている」と柳沢前校長先生はおっしゃっていました。

第5章

制服に込められた想い

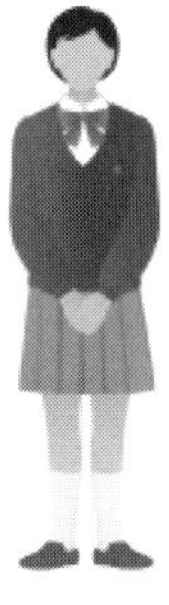

一つの題材をとりあげて異なる視点から話し合うと、様々なことに気づかされます。

ですから、生徒も先生も、お子さんもお母さん方も一緒になって制服を考える機会があったらと思います。

例えば、制服のモデルチェンジや着方の規則について話し合える場として制服検討委員会をつくり、世代や立場を超えて制服について対話できたら、生徒にとってもよい社会勉強の機会となります。

学校の制服にはコンセプトや想いが込められています。それらを踏まえて、制服の専門家がどのようなことを考えてつくっているのか、その想いの一端も紹介し、制服の素材や工夫についても触れておきます。

自ら学び、社会でも学ぶ力をつけるには

■「学校に通うだけ」では、学びにはなりません

若い人が主体性と社会性の間で悩むのは、社会人一年めや、就職活動中かもしれません。いわゆる、ビジネススーツ一年生です。男女ともフォーマルで、黒っぽい暗めのトーンで、「主体性を出し過ぎてはいけない」と、ブレーキをかけている衣服の選び方です。

適切なバランスでの「自分」と「社会」の距離感をまだつかめていないので、間違いを犯してはいけないという様子見的な、横並び的な考えからきています。

本当は、制服を着ている時期に、もっと人や社会と接する機会を持てればバランス感覚が育つと思います。このときお店や街でモノやサービスを買う側としてのみ社会参加していては、消費する側での面しか育ちません。受け身で、選ぶことに慣れてしまうのです。

そもそも、学ぶといっても、その姿勢は様々です。

ただ学校に通って座っていればよい、というのでは、忍耐力を身につけているだけで

す。幼い子どもが欲求をコントロールできず、罰によってしつけられている段階というのは、ルールを覚えさせられる「指導」であり、それは「学び」よりも前の段階です。

礼儀作法も必要ですが、作法を学ぶことが目的となっては、社会のルールを学んだ時点で学習が終わってしまいます。

むしろ、ルールを守りながらも、自分の意志で主体性をもって「学んでいく」ことを奨励してこそ、卒業後も後々まで学びの意欲を持った人材を育成できます。

「知的なイメージ」を入れるのが現代の制服の潮流ですが、さらに自律性や主体性を磨く要素も入れ、結びつけておきたいものです。社会から見られている意識も、社会に関わっていこうという意識も大事です。

様々なものや人から学びとれるやわらかな知性の萌芽を、制服を着る時期に「種」として心にたくわえておけばいいと思います。そして、将来花開くのが楽しみです。

■上質のスーツと同じように「着る人の価値」を高めるデザイン

「アカデミックさ」をコンセプトにつくられた制服も出てきました。

その一例ですが、「新たな価値を提案していくため、確かな学力を身につけるとともに、社会に出てから貢献できる人材の育成を行いたい」と、新たなキャンパスへの移転と共学化を実施した法政大学中学高等学校は、大学附属高校である利点を活かし、大学を卒業した後を見据えての取り組みも行っています。

社会に巣立ってからも役立つキャリア教育を意識し、「学ぶ喜び」を学生から社会人になっても大事にしてほしいという明確なメッセージを発しているのも、その現れです。

この学校のように、「アカデミックさ」と「特に仕事の分野や方向性を意識して、自分が進んでいきたい道を、プロセスを積み重ねていくキャリアとして設計していく志向（これをキャリアデザインといいます）」を明確に打ち出すのであれば、制服はそのコンセプトを体現していくのを支えていけばよいのです。

従来の学生服のイメージとは異なるスーツ型を採用したことは、ちょっとした背伸びの気分もありますし、社会的に「大人」としての振る舞いを磨くことにも役立ちます。

特に、男女とも胸から三つボタンが整列しており、Ｖゾーンにシャープな印象を持たせています。トラッドな印象は変えず、内面からの表情や姿勢などの個性で自分を出していくと、それは土台の上にしっかりと乗った、安定性のある知的さとして受けとめられることでしょう。

こうした教育理念やコンセプトを発信していくことが、その学校の識別性にもつながります。

学校の教育理念が見える制服を、生徒たちが主体的に着ていくようになれば、やがてその自律性とともに、学校の魅力が代々にわたって発信され、さらなる識別性や、伝統の魅力を高めていきます。

つまり、良いデザインの制服をつくればすべてよいというわけではなく、学校が、制服と生徒を通して情報を発信し続け、社会や地域など周囲からの反応を取り込んで一緒に歩んでこそ、社会や地域にその学校の教育や文化が浸透していくのです。

■制服とともに、成長するプロセスがあります

制服を提供する側が「制服は、教育のための教材です」と思っていても、着ている生徒たちや、着せている保護者の皆様や先生方が、制服の価値に気づいていないとしたら残念です。

まず、「生徒は制服を着る」というところから制服ライフが始まります。モノとしての制服を、理解する段階です。

次に、制服を着て、友人やクラスメート、親や先生などとコミュニケーションする経験を重ねることで、徐々に自分自身の個性や生き方を考えるようになります。制服を着た自分自身について考え、さらに周囲との関係について考える段階です。

そして成長の過程で社会性を身につけていき、マナーなどの「型」をマスターし、「自分」と「場」の適応（まさにＴＰＯです）を自分で適切に図れるようになると、社会へ積極的に関わっていけるようになります。ＴＰＯの考え方をもとに、社会性と主体性を両立していこうという段階です。

こうしたプロセスを経て社会に一歩を踏み出したなら、社会から守られるだけにとどまらず、社会との関わりで多くのことに気づき、主体的に学び、考え、行動して、さらに次のステップへと成長します。

「主体性」と「社会性」が両輪となってこそ、「誇り」と「学び」が両立するのです。

学校・地域・社会の見守る目

発達・成長の途中であり、社会から守られている面もある生徒たちは、コミュニケーション能力も成長の途中です。学校や社会との関わり方を十分に知っているとはいえません。

しかし、そうした成長期だからこそ、周囲の大人たちからの扱われ方によって態度が変わるものです。心理学者ローゼンサールらの実験では、教師が生徒に自然な期待を持つと、言葉をかける機会などが増え、生徒の意欲を刺激し、その結果、学力が向上した例がみられたとしています。ピグマリオン効果として知られていますが、依存的で他者のことを気にするタイプのほうが、より効果が表れるといいます。

「目は口ほどにものをいう」ということわざもありますが、言葉をかけるだけでなく、見るという動作でも感情は伝わります。善意で見ているか、悪意をもって見ているかは、案外、感覚で分かるものです。学校の服装指導も、その生徒のことを思って言っているのか、それとも、言うことを聞かせたいだけなのかでは、感情の伝わり方も違います。

■「昔は良かった……」ではなく、いま、できることを

中学生以下のお子さんを持つ主婦の方へのアンケートによると（出典：サンケイリビングニュースレター二〇〇六年一月号）、半数以上の人が、子どもの安全を守るのは「地域」と答えています。しかし、住んでいる地域が安全だと思っている方はわずか１／４以下。昔ながらの商店街で顔見知りの大人たちが「おかえり」と子どもに声をかけるイメージがあるのかもしれませんが、実際は昔より帰宅が遅い子も多く、塾帰りには商店街はシャッターを下ろしている光景もあるのです。

その一方で、セーフティステーション活動として、コンビニを街の安全・安心な生活拠点にする取り組みが全国展開されています。登下校時の声掛けは一万四千店弱（約四〇％）が実施。深夜時間帯に青少年に帰宅を促す対応も、約一万八千店（約五四％）で実施しているといいます。社会で、街の大人たちで、子どもたちを見守っているのです。

制服について一緒に考える

■制服は心の結晶ともいうべきオーダーメイドです

入学準備で、お店での採寸や試着のときなど、親子で笑顔になる様子が見られます。ご両親や祖父母からみれば、お祝い服でもあります。新しい制服を贈るのもうれしいものです。

制服専門店の方から、三代にわたって同じ制服を着られたご家族の話をうかがいました。

数年前、ある私立女子中学で新入生の制服のご注文を承っていたときのことです。一人の生徒さんに付き添って、お母様、お祖母様が一緒に来られました。うかがえば、親子三代にわたって、この同じ学校にご入学されるとのこと。

そして私共を驚かせたのは、新しい制服のご注文とともに、お祖母様が在学時お召しになっていたセーラー服をご持参になられ、お孫さんに合うようにお直しのご依頼をいただいたことでした。そのセーラー服とは、もちろん当時、私共でつくらせていただいたものです。

　私共は、自分たちが作った制服を数十年のあいだ大切に持っていてくださったこと、そして、今度はお孫様に着せてあげたいというお気持ちに触れ、学校制服に携わるものとしてこれほどうれしいことはなく、感謝をこめて承らせていただきました。

（制服専門店パリス　ホームページ「愛着のリレー」より）


制服の品質もさることながら、自分の思い出の品を大事にしていること、つまり「何かを大切にする」ことを「世代を越えて」受け継いできたことに伝統的な美学を感じます。

■モデルチェンジも学習機会になります

先生との絆、地域との絆、そして親子、家族の絆……。こうしてみると、制服が「人と人のつながり」にも役立っていることが感じられます。「糸」で異なる布を寄せて「逢」わせるのが「縫」うという字ですから、読んで字のごとく、といった感もあります。

ここでは、制服のモデルチェンジを通して生徒たちが成長した八戸高専の事例を紹介します。

当時のデザイナーの方に同校のことを振り返っていただくと、特に「生徒と先生の関係性がよいこと」と「生徒会がよくまとまって頑張っていたこと」が印象的だったそうです。

前例がないなか、生徒からデザインを募集して制服制定委員会をつくり、そこに実務的なワーキンググループを設けて、学校側の厚生補導委員会や、デザイナーや販売店の方々など実際の制服産業の関係者と直接話し合う場を持ち、新しい制服をつくりました。

同校の先生も「今後は生徒を中心としたモデルチェンジが増えてきてもいいと思います。着るのは生徒です。こういうモデルチェンジの方法もあることを、他校の先生や生徒にも伝えていきたいです」とコメントされていました。

当時の資料から、デザイナーの方と生徒会長さんのインタビューを一部ご紹介します。

――何で制服を変えようと思ったのですか？

制服を3年間着終えたとき（注：高専は5年制）に友達としゃべってて、とりあえず着たけど「この制服になんか愛着ないよね」「ちゃんと着てなかったね」って思って後悔して。制服ってもっと愛着があってもいいんじゃないかって思ってた。

本当なら、制服着るとシャキッとするとか、この服着ると頑張ろうとか、そういうのありますよね。そういうのがこの制服にはあまり感じられなかったんです。

――制服の基本は何にあると思いますか？

学校のイメージとか考えるとフォーマル、トラディショナル。継続性も大事かな。校則に靴の指定はないけれども、スニーカーより黒のローファーを履いてほしい。知的に見える制服を作ったんだから、ネクタイもしっかり結んで、きっちり着てほしいですね。でもラフにも着こなせるようにもなってるから、その辺はＴＰＯに応じて使い分けて。

――委員会では、どんなことを感じましたか？

なんか制服変えたい一心で突っ走ってきたけど、デザイナーさんの話を聞いたり、一緒に会議や作業をしてたりするうちに、先生や保護者のことも今まで以上に考えるようになりました。責任重大だなって。

制服を考えること自体が初めての経験なので、制服のデザインとかみてもどのようにすればいいか全然分からないし、自分の中では全然決められなくて。

デザイナーさんとかの意見は心強かった。いろいろ細かい部分まで考えてくれたから。自分たちだけだったらそこまでできなかった。以前の制服は、肩とか動かしづらかったので、それも考えて、新しいのは柔らかい素材にしました。

「学校が決めて、守らせる」というスタンスでは、生徒たちに「わたしたちの」制服という思いは芽生えにくいものです。かといって、「生徒が好き勝手にわがままをいい、先生はそれを取り締まるのが大変」という構図では、何かを一緒に大事にしていく考え方は生まれません。

前に進もうとする生徒を、先生が「いいんじゃないか」と認めたこと。この姿勢が、主体性を引き出したのです。

■制服検討委員会のすすめ

制服についての委員会をつくって話し合う過程は、理念やビジョンを掲げてのマネジメントに似ています。制服のモデルチェンジや着方について、制服検討委員会を設けて一緒に考える場をつくると、学校の教育方針や先生方の思い、保護者の皆さんの考え、さらには生徒たちの気持ちも、一緒になって理解し合えるよい機会となります。それ自体がすばらしい教育の場です。

特にモデルチェンジの検討には、必ず、制服のプロに入ってもらうことをおすすめします。現在、素材の技術は大きく進歩していますし、制服ならではのノウハウなど、専門的なことを知っているのはプロの人たちです。この方たちの仕事や知識を聞くことも、社会勉強です。現在の制服について、メーカーやデザイナー、販売店の方々に説明を求めるのもよいかと思います。

それぞれの思いや声が集まるなかで、人と人のつながりを意識して、一緒に何かを築いていく。「違う人と何かを一緒につくりあげる」「大事なことを守り、伝えていく」ということも、大切な「学び」です。

こうした場や機会を積み重ねていけば、制服が人から人へ、時と場所を越えて受け継がれていく「文化」や「誇り」となっていくはずです。

デザイナーさんが大事にしていること

■どのように制服が着られるかを想定します

制服のモデルチェンジで人気のある素材は、男女ともに伸縮性のあるストレッチ素材、軽量（軽涼）素材です。公立では手入れがしやすいイージーケア性も比較的多く好まれます。

ただし、学校によって環境はまちまちです。天候の特徴、カバンをどう掛けているのか、電車通学が多いのか自転車通学が多いのか。また、エアコンが学校に普及するにつれて、調節機能も求められるようになりました。吹き出し口の近くは寒かったりしますし、個人差で暑がりな人、寒がりな人もいます。夏服にサマーセーターや薄地のカーディガンの需要が高まってきました。

当たり前ですが、生徒は座って授業を受けます。立っているときだけでなく、肩を前に出すときの動かしやすさや、座ったときのツレ感をなくすなど、細やかな形状も工夫されています。

見た目のデザイン以前に、形状や素材からデザインのつくり込みが求められるのが制服です。

■「その学校の学生のための」オーダーメイド意識

こうした段階からデザイナーさんは一点一点、その学校のプロデュースをしていく気持ちで、ゼロから考えているといいます。パターンメイドではなく、オーダーメイドです。

しかも、近隣の学校の制服も確認して、周辺校マップをつくるそうです。細かな模様が違っていても、色が似ていると、はた目には「同じじゃないか」といわれてしまうのが制服です。

学校とブランド戦略やデザインを打ち合わせた制服デザイナーさんはこう語っていました。

「ひとくちにデザインといっても、いろいろな依頼が来ます。なかには、学校のコンセプトやポリシーをどのようにデザインとして訴求するか、という深いレベルでの話のこともあります」

ロゴマークやスクールバッグなど様々なデザインの相談もあったそうですが、この方は、デザインの相談を受けると、実際に学校の現場に赴いて、直接、肌で校風やテイストを感じるのだそうです。

モデルチェンジの極意について聞いてみると、こう答えられました。

「ただモデルチェンジすればいい、というわけでもありません。伝統と、トレンドのバランス。そして、融合が大切なのです」

長い年月という視点で見ると、大きな傾向や変化もあります。昭和五〇年代、制服に使う黒色はわずか十五色ほどだったそうですが、色の数はこの三十年間で大きく変わりました。いま、生地としては四万色あり、そのうち、紺だけで九千色もあるのです。

大正から昭和にかけて洋装化が進んだことを「服装革命」というならば、一九六四年の東京オリンピック以降の動きは「色彩革命」といえるそうで、これが今も続いています。微妙な色合いによるコーディネートなど、プロのセンスの良さが問われる時代になっているのです。

コンセプト重視のモデルチェンジ事例

■新しい概念の誕生――ロハスユニフォーム

創立百周年を迎え、完全中高一貫化に伴い制服をリニューアルした中村中学校・高等学校の事例を紹介します。

新しい制服のコンセプトは、「歴史と伝統の継承」「快適性の向上」「環境への配慮」の三つです。「歴史と伝統の継承」は、イメージの継承で実現を図りました。具体的には、スクールカラーの深紅色をデザインや素材に採用し、歴史・伝統を感じさせる知性あふれるデザインとしました。

「快適性の向上」は、素材やパターンの改善も行いました。近年は素材や加工技術も進化しており、快適性を向上する素材の使用やパターン（型）の見直しを実施したほか、知性あふれるデザイン・コーディネートにより、衣服の組み合わせによる調節機能を高めました。

「環境への配慮」ですが、これには社会性も含んでいます。着ていて環境を意識できるよう、環境配慮型のロハスユニフォームを導入しました。環境先進国ニュージーランドで土壌や水質を管理され、厳しい検査に合格した羊毛を使用し、インターネットを通じて、原産国における牧場と生産活動の背景を確認できることなど、従来にはなかった取り組みがみられています。

このように、三つのコンセプトを形にしていくとき中核になったのが「上品」「知的」「洗練」そして「国際性」でした。そこから、「ロハスユニフォーム」という新しい概念が生まれたのです。

ロハス（LOHAS）とは、Lifestyles of Health and Sustainability の略で、健康と環境を持続可能な生活様式で実現していこうという考え方です。「ライフスタイルズ」と複数形になっているように、それぞれのライフスタイルを尊重し、共存するという意味がとても重要です。

機能改善や組み合わせのアイデア

■着脱のしやすさ（扱いやすさ）

横開きで着脱しにくいセーラー服の課題を、前開きのボタンによって改善した例があります。名古屋女子大学中学校・高等学校の制服は、「制服が気に入り、憧れて入った」という生徒もいるほど。実際に着ている生徒からも「かわいい」「前開きで着やすい」と好評です。

保護者の評判もよく、伝統を感じさせながらも、モダンなイメージを取り入れています。同校の校長先生も、こうコメントをされています。

「制服には学校イメージをつくり、イメージに向けて一人一人の生徒を育てる働きも持っているように感じます。制服がデザインや色、柄などによって女性としての品格を醸し出すものであれば、知らず知らずのうちに品格をもった生徒へ育つのです」

■着方の工夫（寒冷地における工夫）

寒い場合はセーラー服の上にブレザーを着てよい、と両方を制服としている学校もあります。函館にある遺愛女子中学校・高等学校です。オーソドックスなデザインですが、卒業生にも在校生にもこの伝統あるセーラー服は好評です。

制服を着せることよりも、着る人自身がどう着たいのか、自主性を大事に指導してきたといいます。同校の生徒指導部長の先生は「制服に対しての評価は、デザインや色合いではなく、着用する生徒一人一人がどう着ているかによってプラスにもマイナスにもなり得る」と話されていたそうです。

このほか、北海道のような寒冷地の学校では、パンツスタイルの女子制服を採用したところもあります。衣服には、それぞれの機能性があり、スカートとパンツにはそれぞれの良さがありますから、学校の教育のコンセプトにパンツスタイルのほうがふさわしいということであれば、寒い地域でなくてもそうしたスタイルの制服が今後もっと登場するかもしれません。

■デザインこぼれ話

制服デザイナーには柔軟性が必要だという話もうかがいました。

例えば、Ａ校とＢ校、二つの学校が統合されることになり、建物にＡ校の校舎を使用することになった場合、制服はＢ校の雰囲気を残しつつモデルチェンジを……などと、ＯＢ・ＯＧやＰＴＡの方から、かなり難易度の高いオーダーが出されることもあるそうです。

そのほか、生徒の指導を負担に思われているからか、先生方の本音か「乱れない制服をつくってほしい」という声もあるとか。また、子どもが制服にこだわりを持ちたいと思っているのに、親が制服を作業着的に考えているときもあったそうです。

いろいろな人が、それぞれの立場から思い思いに意見を寄せるのは、やはり、みなさんが何らかの思いを「制服」に抱いているからなのでしょう。

■「いい制服」とは？

いい学校が様々であるように、いい制服も様々です。

ですが、多くの制服を見てこられた老舗の制服専門店の方が、こういわれていました。

「学校の先生と制服業者が一生懸命つくっていこうとする、その心が、いいものをつくっていきます。学校の先生が一生懸命やると、服をつくるほうも一生懸命になるものです。いい制服とは何か――結論から言えば、いい教育をしている学校の制服が、いい制服といわれるようになるんです」

日常生活でいえば、制服を着て学校に行くと「さぁ、学校だ」、「さぁ、勉強だ」と、スイッチがオンになるよう、そういう気持ちにさせることも大事なことの一つなのです。

制服を着て、どんな気持ちになるかは、とても重要です。

一生のうち、限られた期間しか着られない制服だからこそ、着ていたときに感じた気持ちを、ずっと忘れないでいてもらいたいものです。

少しだけハイテクの話

■ウール素材がなぜいいのでしょうか

細かく縮れ、スプリングのような柔らかさを持つウール素材は、空気を多く含み、人の衣服に暖かさをもたらします。何層もの構造をもち、外側は撥水性があって水をはじきますが、内側には吸湿性があり、そうした矛盾する要素を併せ持っているため湿度を調節できるのです。

人間は人工の繊維を研究し開発してきましたが、そのお手本となったのがウール、すなわち羊毛からできた繊維なのです。

■最新技術が投入されている繊維加工のこだわり

現在の繊維業界では、顕微鏡で見なければ分からないような細かな素材技術の工夫（ナノテクノロジー）が研究されています。これによって、多くの機能の開発や改善が進みました。

①**ナノ加工で水や油をはじく**……ナノ技術の応用により、撥水撥油剤を羊毛繊維1本1本の表面に結合し、薄い膜を形成します。通気性・風合いを損ねず、撥水・撥油性と耐久性を実現しました（防水とは違いますので、軽く水をはじく程度です。傘なしでよいわけではありません）。

②**光の力でいつも清潔に**……可視光応答型「光触媒」をウール素材に用いることで、消臭効果、抗菌作用をもたせることができます。

③**深化する黒色**……繊維1本1本に極薄の屈折皮膜を塗布して、光の反射を少なくして濃く見せるという「低屈折理論」を実現している加工技術もあります。

④**自然な伸縮性**……近年では、縦、横、両方向のストレッチ性を実現した素材も開発されています。

⑤**「におい」対策**……悪臭のもとは微生物による汗の成分の分解です。付着した菌の繁殖を抑制することで防臭効果を高めます。

⑥**「汚れ」対策**……ウールが持っている撥水性を高める加工により、水をはじき、汚れに強い撥水加工にできます。また、家庭でも洗濯できるようにすることで、汚れたら洗

うことができます。素材にもよりますが、ウール１００％でも家庭で丸洗いできる加工法が開発されています。

⑦「**静電気**」**対策**……まとわりつきや、ほこりの付着を減らすため、制電性繊維を混ぜる方法や薬剤で加工する方法があります。

一見、同じに見えても、昔とはずいぶん進化しています。ちなみに、詰襟制服のカラーも硬いプラスチックではなく、いまはソフトパイピングというやわらかなものがあるそうです。

●学校紹介●

奈良市立富雄中学校

●奈良県

ひと目で富中の生徒と分かる、体験学習に合わせた動きやすく着やすい制服

奈良市で最大規模のマンモス校である奈良市立富雄中学校は、地域に根差した学校づくりを目指しています。「友愛・自主・活力」を校訓とし、その言葉が示す人間像として「やさしく、かしこく、ねばり強い」生徒を育てるべく様々な取り組みを行っています。「数学の少人数授業」、「朝読書」、終わりの会前の10分間学習「ショート・富雄・タイム」を実施し、確かな学力を身に付け、自ら学習に取り組む習慣を身に付けることを目標にしています。また、「キャリア教育」として、1年生で、「事業所訪問」「私のしごと館での職業体験」、2年生で三日間の「職場体験」、3年生で「高校訪問」などを実施し、3年間を通して職業について学んでもいます。

生徒の学習活動状況は大きく変わってきたにもかかわらず、制服はこの五〇年間変わっておらず、機能面やデザイン面を見直すことから新しい制服づくりが始まりました。制服検討の段階から地域の保護者の関心は高く、近隣に自由な服装の学校が多いにもかかわら

ず自由服にするという選択肢はなかったようです。生徒にとって、動きやすく、着こなしやすいことにポイントを絞り、関係業者のアドバイスを得て選定していきました。

新しい制服は、二つボタンのブレザータイプで、インナーには、襟が前開き仕立てのポロシャツ、すっきりしたデザインになりました。機能的で視覚的にも学生らしさが感じられる新しい制服は、新入生だけでなく、在校生、卒業生にも好評だそうです。「生徒は制服に袖を通すことで私生活と学校生活との切り替えができ、地域住民の方からは、ひと目で富中生だと分かる、制服の役割はそのようなところにあるのではないでしょうか」と校長先生はおっしゃいました。

青森県立五所川原高等学校　●青森県

勇ましく自信と誇りのある男子詰襟と、中学生の憧れの市内唯一のセーラー服

五所川原高等学校は、一九〇九年に創立された五所川原女子尋常高等小学校補習科を前身とし一〇〇周年を迎える伝統を持つ高等学校です。

中国の故事に由来する、努力して天下第一の人間になる、努力することが天下第一であ

る、という二つの意味を持つ「力行天下第一」という言葉を学校の標語としています。

五所川原市は夏祭りの「立佞武多（たちねぷた）」で有名で、この学校でも夏祭りに向けて生徒たちが多くのエネルギーをかけて製作に励んでいます。集団で一つのことに取り組むことで連帯意識が生まれること、郷土文化の理解、地域との交流といったことを目的に実施しています。以前は勉強だけというイメージのあった学校でしたが、近年では、この行事も学校を代表するものの一つになっているようです。

この学校の制服は、男子は黒の詰襟、女子は黒地にエンジ色のリボンと襟縁取りのセーラー服です。この制服は一九六三年に女子生徒の人気投票によって選ばれた伝統のあるもの。五所川原市内の高等学校では唯一のセーラー服ということもあり、この制服にあこがれて入学してくる生徒もたくさんいるようです。在校生・卒業生からの支持も厚く、今後もこの学校の伝統としてこの制服を継続していくということでした。

北海道釧路商業高等学校　●北海道

五〇周年を機に生まれ変わる商業高校――活動性と防寒性の高い女子のスラックス制服

北海道釧路商業高等学校は一九五三年四月に開校、「釧路湿原」「阿寒」の二つの国立公園を持つ雄大な自然に恵まれた地、釧路・根室地域唯一の商業単地校の学校です。国際ビジネス、流通経済、会計、情報処理の4学科からなり、「敬愛自尊」をモットーに商業による専門的な技術・知識を学んでいます。

この学校では、校外実習活動に力を入れていて、流通経済学科では、主に小売店で販売される商品の流通やサービスについて学習する中で、2年次で体験学習、3年次で職場実習を行っています。地元企業の協力によりインターンシップを実施することで、学校では体験できない見聞や知識を広め、職業観を育成しており、北海道教育委員会より、「北を活かす人づくり」推進事業「北のくにづくり」事業実践校に指定されています。

北海道釧路商業高等学校では、二〇〇三年に五〇周年記念式典を実施し、これを機に「生まれ変わる商業高校をつくろう」と、制服改訂の検討が始まりました。制服は学校を象徴するものの一つであるとの考えからです。

新制服は、美術の先生がデザインしたものを基調にアレンジしたもので、イメージどおりのものができあがり、学校関係者一同とても満足しているそうです。

女子の制服は、健康と防寒対策として、スカートのほか、スラックスも採用しました。冬期（十一月〜三月）は全員着用です。冬期以外はスカート、スラックスを生徒の好みで自由にしているそうです。女子のスラックスは、生徒の抵抗があるかとやや心配したようですが、「上着とマッチしている」と好評です。生徒は、釧路商業校生として自覚を持ち、誇りを持って着用しているとのことでした。

名古屋女子大学中学校・高等学校 ●愛知県

品格のある制服は品格のある生徒を育てる、という考えで作られた着やすい前ボタンのセーラー

名古屋女子大学中学校・高等学校は名古屋女学校を前身として、創立九十有余年の伝統を持つ学校です。「親切とは広義のヒューマニティであり、狭義の友愛であり、学問への熱情と研鑽《けんさん》である」とは、学園創設者、越原春子先生の言葉です。この「親切」を創立以来変わらぬ学園訓として掲げ、日々の一生懸命な学習態度、努力の積み重ね、その結果として高い知性と教養を身につけた女性の育成をめざします。さらに女性ならではのものの見方、考え方、感じ方などを社会に活かし、自己実現を図ることのできる女性に育つよう支援しています。

名古屋女子大学中学校は、二〇一〇年度より中高一貫教育をさらに進化させます。教育目標は「新しい時代を切り拓く、こころ優しく、力強い女性」です。そして、「一人一人の能力と個性を開花させる教育」を教育理念とした、「知・徳・体の各方面にわたっての愛情にみち、しかも厳しい鍛錬」が教育方針です。

前期後期制（年4期制）、8時限授業、学校行事の土曜実施、土曜講座、集中講座等に

より、豊富な授業時間を確保し、確実な学力向上を実現します。高い学力だけでなく、自立心の育成も重視しています。

二〇〇七年度から新しく採用した制服は、落ち着いた雰囲気と上品さを兼ね備えたセーラー服になりました。扱いやすいボタン式であることも特徴です。保護者・生徒にも好評で、この制服にあこがれて入学した生徒もいるそうです。制服着用は名古屋女子大学中学校・高等学校の一員であるという所属意識を深めます。

「制服には学校のイメージをつくり、そのイメージに向けて、生徒を育てる働きがあります。制服がデザインや色、柄などによって、女性としての品格を醸し出すものであれば、知らず知らずのうちに品格を持った生徒に育ちます。これが制服の力です」とは、鈴木文悟校長先生の言葉です。

第6章

成長を促す制服

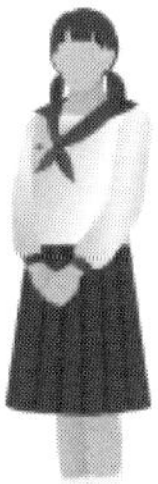

近年は、小学校から制服を導入するケースも増えています。子どもたちの成長と発達を支援する考えからデザインされた制服も登場しています。

制服のデザインに唯一これが正しいという決まりはありません。それぞれの学校の制服の大事な「芯」の部分には、建学の精神や教育方針などが折り込まれていきます。表面的な型にあてはめるのではなく、大事なものが何であるか本質をとらえてこそ、制服に宿した「心」が伝わっていきます。そんな心のこもった制服を、どうか大事に着てください。

制服の本当の輝きは、内側から自然とあふれてくるものであり、心の成長があってこそ放たれる光だと思います。

美しい「ひと」をつくる

■まず「型」を教え、「芯」をじっくり育てたい

> 型（かた＝一定のフォーム。動きや、振る舞い）
> 形（ものの「かたち」）

いい「形」のモノでも、動きの「型」がきれいでなければ、そのモノの本当の価値や魅力は現れてきません。ブランド品で身を固めているはずなのに、言動が伴わず、どことなく品がなく見えるという残念な方も世の中にはいます。

お子さんや次世代の若い方に、制服を通して、「モノ」と「価値」を伝えてみませんか。そのとき、美しさという「芯」を、ゆっくり、じっくりと育てていただきたいのです。

確かに、幼い頃は「しつけ」が優先かもしれません。学校など人が集まる場では周囲に流される面がありますので、外側からきちんとしてもらうことで、秩序も整います。

「先生に叱られたくない」とか、「きちんとしてほめられたい」と子どもが思うような「しつけ」も、初めは有効です。基本を「ならう」のは、基礎的な「ティーチング」の段階といえます。

■小学校で制服を導入する意義

小学校をめぐり、教育再編や見直しの動きが活発化しています。小学校と中学校を合わせた9年制の小中一貫校の設置や、公立の学区制の境界を超えての学校選択制の導入、生徒数不足の学校の統廃合なども全国各地で進んでいます。また、教育特区として認定され、新たな教育アプローチを試行する地域もみられます。

そうした時代背景もあり、従来、私立の学校を除いては中学・高校での着用が一般的であった学校の制服が、公立の初等教育の段階で導入されるという動きが出てきています。

①心の発達のメカニズムと「ルール」

実は、成長期の子どもの発達において、規範となるべきルールの部分を身につけるのは十二歳くらいまでが適していると、心理学の分野では言われています。ですから、社会的な規範やマナーを身につけてもらうため制服着用を進めるなら、むしろ、小学校のほうがよいのです。

② 教育の一つとして位置づけた標準服

品川区立伊藤学園のケースで説明しますが、ここは、公立の小中一貫校（9年制）として開設された学校で、「通わせたい、通いたい」と思われる学校をつくろうという意識の高さがある学校です。

標準服も特色の一つとして位置づけられており、開校2年前からＰＴＡ代表・地域住民・教育委員会・学校関係者からなる検討委員会を発足させ、検討を重ねてきたといいます。

伝統ある伊藤中学校の詰襟、セーラー

のイメージを残しながら、シンボルカラーのグリーンを基調とし、着脱の簡便さや動きやすさの機能性を取り入れたデザイン（スタンドカラーとジャケット型のセーラー）にしたそうです。

リボンは「4・3・2」のカリキュラムに合わせて識別性をもたせ、気候に応じて着用できるようセーターやベストも制定しています。また、独自の色相、デザインにより、防犯性や安全性にも留意したものになっているとのことです。

そして、標準服を教育の一環として位置づけていることが同校の特徴です。しっかりと生活指導をして、標準服を着ることを通して心を鍛え、決まりを守ることにより規範意識を育て、標準服から教育的な価値・機能を見いだせるとしています。全体の雰囲気が落ち着き、統一感や規律性が出てくることにより教育上の効果があるとも考えています。

③発達のメカニズムを踏まえての制服

さらにもう一つ、西武学園文理小学校の制服の例で、発達段階ごとの制服をみてみましょう。こちらは私立の小学校（6年制）で、低学年と高学年の3年ずつでデザインが分かれています。

男子は伝統的な詰襟をモチーフに、エンジのラインをアクセントに取り入れたマオカラー（中国風の襟）スタイルです。低学年はショートパンツ、高学年は上級生らしいスラックスです。

女子は低学年がボレロ。高学年がセーラータイプのジャケットにチェック柄のスカートをコーディネートしています。

国際社会で活躍する人材を育成しつつ、日本の伝統文化も身につけさせたいという学校の教育方針を表した制服であり、保護者や地域の方からは「上品」「かわいらしい」といった評判が聞かれるそうです。

ここの制服は、学年や、成長の過程を念頭においた「制服の設計」に特徴があります。デザイナーの方に話を伺うと、実際に評判がいいのは、低学年の子が、高学年の制服を見て、「早くお姉さん、お兄さんになりたい」と、思うような制服だそうです。憧れをもって見られていれば、自然に高学年もお姉さん、お兄さんっぽくなっていきます。

小学校の低学年と高学年では、求められるものも違います。たとえば、小学生は4年生くらいで考え方や身体が変わってきます。そこで、9年制の学校であれば、5年生のあたりで制服を変えるといったこともあるそうです。

　小学校に限りませんが、身体の大きさだけでなく、心の成長や、期待や憧れも意識して制服は設計されています。

　これは、中学生らしさと、高校生らしさの違いにもいえます。

　中学生は、高校生よりもかわいらしいものを好みますが、それでも高校生をみて、だんだんと高校生になれる楽しみに期待をふくらませていくわけです。

　節目で自分が成長していることに「気づき」、自分で「成長したい」と思えることも、制服の大きな役割なのです。

制服を通しての、様々な教育

■普遍的なことを伝えるのは難しいから――制服で「古びない」トラッドを学んでほしい

生徒たちが大事にしたいと思う制服や、社会や地域の誇りになる制服は、自然と後世に残っていくのでしょうか。良い価値があるものなら残るのでしょうか。

日本の社会において優れた価値があったのに廃れてしまったモノや文化は数知れずあります。

地域文化（郷土文化）を例にとります。長いこと、教育の内容は中央集権的に整えられ、各地域の特色などは「地域や郷土について学ぶ」といった項目で扱うものとされてきました。

ところが、一瞬、子どもたちが興味を示すことはあっても、継続的に触れることがなければ、地域の文化は「古くて珍しいから」「保護される」ものとして認識されてしまいます。古い郷土の文化や産業への関心を高めるだけでは、「知る」ことはできても「取り込む」ことができません。

なぜなら、今の時代の文化や産業のことも、そこにある価値も同じように関心を持って理解し、そのうえで、同じような部分や似た価値などを見出せないと、自分の持っている「木の幹や枝」に自然に「接ぎ木」して取りこんでいくことができないからです。

もし、そのとき、時代を超えた「普遍的な価値」を見出すことができると、ぐっと存在は近いものになります。昔からの文化も、今の文化も同じ根っこの価値観で理解し、そして共存を図っていけたら、本来の価値を保ったまま残していけるでしょう。

スタンダードで、オーソドックスなのに、古びた感がないというのは、普遍的な価値を持ち、それをしっかり伝えているということなのです。

■プライドの育て方

高い価値を備えた制服があったとしても、それを着る人の意識で輝き方は大きく異なります。

デザイナーさんから伺った話ですが、イギリスの学校では、校長先生が生徒たちの制服の着こなしについて「スマート」なのがよいといわれていたそうです。

ここでいうスマートとは、細身ということではありません。インテリジェンスと近い意味の、知性や賢さといったニュアンスを含んでいます。

感性や品格というものは、一夜にして身につくものではありません。

常に、そこにあるものから感じ取ったり、気づいたりすることを重ねていき、育つのです。

感受性の高い時期は、水を吸収する柔らかな素材にもたとえられます。若い世代には、受け売りや流行を追うだけでない、自分に合うものを見分けたり、身の回りのものの価値をとらえたりする自分の感受性を磨いてほしいと願っています。

そして、学校という場は、コミュニケーションを通して、自分と他人の違いに気づく場でもあります。一緒に気持ちよく快適に「場」をつくるのが「マナー」の大原則です。

自分だけ良ければいい、というのはエゴむき出しのプライドです。視野を広げて、同じ場に一緒にいる他者と共存しながら、自分のこだわりを見せていくのが、スマートなプライドです。

きまりを守ることや、「型」を学ぶことは、入り口にすぎません。そこから、自分の大事にしたいものや、こだわりも他者との関わり合いのなかで、自然に、「スマート」に出していく。

そうしていくうちに、大事にしたいものが、その人の「芯」となり、やがて年月を経て磨かれ、輝いてくるのではないでしょうか。

服装検査も大事ですが、鏡を見るようになることも、人とコミュニケーションすることも大事です。毎日の生活の積み重ねが、感性を磨きます。制服だからどうでもいいというわけではありません。きちんと着てこそ、制服です。

■「型」と「心」のスマートなバランス――自律と自立

今回の取材で制服やご自身の仕事に「誇り」を持つ方々が共通して話していたのは、「制服をきちんと着ることの大切さ」です。制服は、きちんと着ることが設計思想の基本にあるからです。

しかし、自律と自立の感覚が弱いと、芯のない自分を覆い隠すような着方になります。

本当のスーツの魅力は、その着ている人を邪魔しないことです。

「行儀良くすること＝おとなしくすること＝がまんすること」と思っているようでは、フォーマルな場で、自然にリラックスして場にとけ込めません。自分と周囲の共存ではないからです。

異なる立場の人が集まって過ごせるよう、共通の約束事があるというのがフォーマルの「場」です。その「場」の意図やコンセプトをくみつつ、どう自分を合わせて、どう自分を出して、そのバランス感覚を自然に楽しめるかが、自然なフォーマルの楽しみ方だと思います。

案外、学校以外のフォーマルな場所に、フォーマルな服で行ってみるというのも、場の感覚を感じ取る練習になるかもしれません。

制服を通して、文化と教育の土台づくり

■制服はとてもクリエイティブで「芯」のある存在

制服そのもののデザインは、まさに学校ごとの、一校一校の「オーダーメイド」です。オーダーメイドは、ただ、お客様に「言われたようにつくるだけ」ではありません。対話のなかから、お客様が気づかなかった部分を引き出したり、提案してみたり、そのやりとりから提案やアイデアが生まれたりするというように、本当にクリエイティブなものなのです。

制服が生徒たちの「お気に入り」となるよう、制服に宿す「心」を「かたち」にしてみたいと思えてこそ、そのコンセプトは文化として花開き、後世に受け継がれていきます。

制服が文化として定着するまでは、長い年月がかかりました。目立たないところで実直に頑張っていたのが制服産業です。注文が特定の時期に一度に集中しますが品切れは許されませんし、しっかりした作り込みをしなければ数か月でぼろぼろになってしまいます。

安かろう悪かろうではダメなのです。こうした事情に対応するために、ものづくりの現場では様々な苦労や工夫をしてきたことでしょう。それでも、「若い人たちに大事に着てもらいたい」「よりよい教育のために」という「心」があったからこそ、制服は歴史を積み重ねることができたのです。

明治時代や大正時代から続く生地メーカーや制服専門店が、いまなおトップランナーであり続けているのは、トラディショナルでフォーマルという基本を「芯」としてしっかり持ち、生徒や教育に対しての思いを失わず、時代とともに歩んできた何よりの証拠です。優れた価値を生み出す生地、世界一ともいわれる縫製技術、信頼ある販売店の姿勢、どれをとっても一流にこだわり続けることで、歴史を紡いできたのです。

■品格のある若い芽を育てる

昨今、「品格」という言葉が話題になりました。制服もフォーマルな性質を持っていはます。しかし、どれほど素晴らしいデザインの服が用意されても、主体性をもって自然に着こなせるようになるまでは、発達と成長が必要です。大人は、子供の成長と、そのときの発達課題に応じて、様々な角度から制服についての話をしていきたいものです。

もし、親子で会話がしにくいのであれば、制服について聞いてみてはどうでしょうか。けっして、「正しい制服」を上から教えるのではありません。その場だけの表面的な「ふり」でかわされてしまいます。

文化の教育は、時間をかけての積み重ねです。その人、個人の人間性と融合してこそ、ナチュラルでスマートなものとなっていきます。ですから、結果を急がせることなく、一緒に同じものを見ながら、ものの見方や解釈への気づきを促すのが理想です。

そして、子どもたちが少しでも制服の本当の価値に気づくことができたなら、自分から制服を大事にするようになり、制服で過ごした友人との時間、学生生活を支えてくれた家族、学校生活の数々の思い出を大事にしていきながら、大人へと成長していくことでしょう。

その「大切にする」「大事にする」という心こそ、品格や愛情につながっていくのです。何かを大事にする。積み重ねを大事にする。それが、自分や家族、社会や文化を大事にすることにもつながるのです。

●学校紹介●

進徳女子高等学校　●広島県

一〇〇周年を機に新たな伝統をつくる――オールＥＬＬＥブランドの着崩せない制服

進徳女子高等学校は広島市内で三番目の女子系統学校として一九〇八年に創立され、一〇〇周年を迎えた伝統校です。

この学校では、創立者の永井龍潤先生が作った「黙想録」の言葉「我は人である　生きねばならぬ　人らしく生きねばならぬ　道に生きよ　愛に生きよ　み光に生きねばならぬ」という一節を毎朝各クラスで唱えています。この「黙想録」に表されている、「尊い命を大切にし、人としての正しい道を歩み、高い人間性を養う」ということを教育理念としているのです。その教育理念のもと、浄土真宗の宗門校として女性の徳と宗教的情操教育に力を注いできました。

伝統のある校風のもとで、様々なカリキュラムが組まれていますが、近年開設された食育デザイン科では卒業時に調理師の資格が取得できるようになっていて、洋食から和食・中華まで幅広く学習し、専門知識と技術、そしてもてなしの心を育みます。また、３年間を通して、かけがえのない「いのち」の尊さと人生を生き抜く力について、宗教倫理で学んでいます。

一〇〇周年を迎え、新たな伝統を作るというコンセプトのもとに、改革の一端として制服の改訂を考え、制服検討委員会を設置し、制服に留めリボン、留めネクタイ、スカートの裾ラインなど、着崩せないための工夫を施しました。

「きれいな制服の着方をイメージすることは、制服を考える上で重要なポイントの一つ。女子高校らしいさわやかな雰囲気、デザイン、外見の美しさを考慮した。一〇〇年の伝統と新しい伝統のスタートにふさわしいできあがりになった」とは、制服制定に力を尽くした関係者の言葉です。「『制服がかわいいから入学を決めた』とうれしそうに語る1年生を見ていると、学校教育現場には学生らしさを追求した制服は不可欠だと思う」と、校長先生も納得の仕上がりとなりました。

中村中学校・高等学校　●東京都

一〇〇周年を機に一新、新旧が綾をなす一着

中村学園は二〇〇九年、創立一〇〇周年を迎えます。東京でも屈指の歴史と伝統を誇る女学校です。そして、その歴史は、明治・大正・昭和とそのつど、三度にわたり校舎を焼失した苦難の歴史でもありました。しかし、その度に灰燼の中から不死鳥のごとく復活し「勇気を持って明日を生きる」という中村スピリッツを獲得したのです。

校訓は「清く直く明るく」。モットーを「三つのS」、1. Self—control　2. Self—government　3. Social Service とし、これを額にして全ての教室の正面に掲げています。

下町深川に生まれ百年の時に育まれた中村学園。目の前に広がる清澄庭園が四季折々の彩りを添えます。生徒は日々、自由に伸びやかに勉学に励んでおり、どの生徒の眼差しにも、社会に貢献し平和な社会を創造するのだ、という意欲にあふれています。

一〇〇周年を機に制服を新しくデザインし、基本コンセプトに「歴史と伝統の継承」「快適性の向上」「環境への配慮」の三つを掲げた、N—girls collection が誕生しました。

「歴史と伝統の継承」は、脈々と受け継がれたスクールカラーの深紅色を随所にあしらい、知性あふれるデザインにすることによって実現しました。「快適性の向上」は素材およびパターンの見直しから始め、その時の天候にあわせ、一人一人の感覚を生かして上手に着こなしができるようにしています。さらに「環境への配慮」として、原毛の産地であるニュージーランドにおいて土壌や水質段階から管理され、厳しい検査に合格した羊毛を使用しました。このように、制服を着る生徒が、二十一世紀の人類の大きな課題である環境問題を、身近に意識することは大切なことと捉えています。

生徒は胸をはって、上品、知性、洗練、国際性の全てを満たしたロハスユニフォームを身にまとい、未来を拓いてくれることでしょう。

聖望学園中学校・高等学校　●埼玉県

自然環境に配慮したニュージーランド製の素材を採用した、関係者全員納得の新しい制服

聖望学園は一九一八年に飯能市に創設された、埼玉県では初の私立の実業学校がその前身です。その後の一九五一年に、ルーテル教会の支援を得てキリスト教主義学校として再スタートしました。

キリスト教主義の建学の精神をもとに生徒一人一人を見つめる教育を行っていて、生徒が神様から与えられた能力を最大限に引き出し、その能力を活かして社会に貢献できる人物の育成に努めているということです。進路指導も、すべての生徒の希望進路の実現をめざし、コース制・2学期制・ステージ制を導入しています。

聖望学園の制服は長い間変わらず親しまれてきましたが、時を経て保護者・生徒から見直してほしいとの声が多くなり、学園の伝統と校風をふまえ、グレーのブレザー型を基調に継続性が感じられることをポイントにして検討が加えられました。その結果、生徒・保護者・ＯＢ・理事会と、関係者のすべてが納得する素晴らしい制服になったそうです。

男女ともに三つ釦タイプのブレザーですが、環境に配慮したＺｑｕｅウールというニュ

ージーランド産の羊毛素材を採用しているのが大きな特徴です。キリスト教教育の面では聖書の教えから、「人間は神様がお造りになった自然環境を管理し、自然と調和して生きてゆくこと」を説いています。「環境に配慮した素材を制服に採用することで、少しでもその教えが実現できればとの思いを込めている。生徒が制服を通じて地球環境保護について関心を持ち、意識を高めてほしい」とも校長先生はおっしゃっていました。

生徒の評判もよく、「胸を張ってどこへでも出掛けていける」「動きやすいし雨の日でも水をはじいてくれるので助かる」「環境に配慮した素材を使っていることを親や他校の友達に自慢したい」という声があるそうです。

東京都立墨田川高等学校　●東京都

「進学重視単位制高校」を機に制服を採用――進学に成果をもたらした制服

墨田川高等学校は、東京府立第七中学校として創立された、八十有余年の伝統を持つ学校です。二〇〇〇年度に進学重視単位制高等学校に指定され、新しく生まれ変わりました。また、二〇〇九年度から東京都重点支援校にも指定されています。

「知性・創造・自主」の三本柱を校訓として、その実現のために二〇〇六年度、「制服の採用、特進クラスの設置、土曜日授業の実施」に踏み切りました。

この学校には以前から標準服の指定があり、式典などには着用が条件になっていましたが、日常の通学には、ジーンズやTシャツなどの自由な服装を認めていました。それに合わせて髪の毛を茶色に染めた生徒もいて、学校見学の保護者や中学生には評判がよくなかったそうで、この学校を受験することを躊躇《ちゅうちょ》するケースが多くなり、学校のイメージが下がっていたそうです。外見は、見落とせない重要な問題だということでしょう。

制服の採用には、制服検討委員会を設け、「伝統と品位を醸し出す制服」をコンセプトに関係業者の協力を得て、男子は詰襟型、女子は、ブレザー型に決定しました。

制服の制定により、基準ができたので、生徒に高校生らしさを指導することができるようになり、生徒自身にも自負心が身に付いてきたそうです。

「制服を着用することで、高校生としての意識が強くなり、母校に誇りを持つ意識が生まれます。規範意識、高校生らしさ、学校を敬う心を育むために制服を制定しましたが、大きな成果を上げています。制服を着用して、気持ちを切り替え、襟をただすところに、子どもたちの良さや才能が現れることを期待しています」とは、佐藤光一校長先生の言葉です。

制服採用の効果だけではないのでしょうが、採用後、推薦入試、一般入試とも過去10年間と比較すると、際立った成果が出ているということです。

おわりに

制服は学校を映す鏡です。

先生が取り締まったり、生徒が窮屈に感じたりといったネガティブな面ばかりでは、本来の制服の価値の半分以下しか見ていないのと同じです。

学力も人格も高めてほしいなら、その高みを目指すことの良さを、分かりやすく大人たちは掲げるべきです。制服であれば、込められた想いや美しさを分かりやすく伝えることができます。

制服が人をつくる、とは——人と人が「制服」を通して「気づく」ことです。

日常的なものでも、大切にしたいことを大事にする心と、コンセプトをデザインする意識があれば、価値は、つくれます。

大事につくられ、大事に着てもらえたら、その制服は幸せだと思います。手間と時間をかけて、ようやく身体になじんだお気に入りの制服には、自然と愛着が生まれることでしょう。

この本では「正しい制服とは何か」には、いっさい触れませんでした。一人一人の生き方に、定められた正解がないのと同じです。

社会で生きていくうえでのルールは必要ですし、ＴＰＯを踏まえることが「適応」であるとは述べていますが、結局のところ、自分自身やモノの本質に、まじめに向き合っているかどうかが、「その人を、つくる」のです。

日本の制服文化を支えてきた方々は、若者たち、保護者の方々、学校教育、すべてにまじめに向き合おうとしてきた、縁の下の力持ちです。

取材を通して、生地も、縫製も、型も、日本の学校制服は世界一だと分かりました。この制服が人をつくるのです。消費することを前提に選ぶのではなく、何もなくても、これから積み重ねて新しいものをつくるのです。

制服を、生徒を、学校を、そして教育を、日本の未来を大事に思っている皆様の思いに動かされて、この本を書くことができました。

制服文化の探求を通して、品位と気概、ポリシーをもった素晴らしい方々に出会えたことに感謝いたします。

著者
朝倉まつり（あさくら·まつり）
社会心理コラムニスト。
東京都生まれ。1993年、国際基督教大学（ICU）卒業。リベラルアーツを学ぶ。卒業後は教育系企業を経て、心理学やビジネス分野など多方面の質問回答講師を務める。独立後はEI（Emotional Intelligence＝心の知能）やメンタルヘルス、コーチングに領域を広げ、クリエイター教育を展開。若い世代のアイデンティティー確立を支援しつつ、日常的ファッションの着衣信号を題材としたユニークな授業も実践している。趣味はカフェ巡りと映画鑑賞。お気に入りは『ハイスクール・ミュージカル・ザ・ムービー』。

執筆協力
石河穂紀（いしかわ·ほき）
編集者。講師。
執筆協力に『Dr. 金田一と柴田理恵のことば診療所』（明治書院刊）など。

この制服《せいふく》が人《ひと》をつくる。

2009年7月10日　初版発行

著　者　朝倉《あさくら》まつり
発行者　株式会社真珠書院
　　　　代表者　三樹　敏
印刷者　精文堂印刷株式会社
　　　　代表者　西村正彦
製本者　精文堂印刷株式会社
　　　　代表者　西村正彦

発行所　株式会社 真珠書院
　　　　〒169-0072　東京都新宿区大久保1-1-7
　　　　TEL 03-5292-6521　FAX 03-5292-6182
　　　　振替口座 00180-4-93208

ISBN978-4-88009-258-4
装幀、本文デザイン　　三小田典子